绝佳肴色

粉竿粘糖◎著

点亮生活的
72道极致美味

U0214912

浙江出版联合集团
浙江科学技术出版社

图书在版编目(CIP)数据

绝色佳肴:点亮生活的 72 道极致美味 / 粉竽粘糖著.
— 杭州:浙江科学技术出版社,2015.1
ISBN 978-7-5341-6361-6

Ⅰ.①绝… Ⅱ.①粉… Ⅲ.①家常菜肴–菜谱 Ⅳ.
①TS972.12

中国版本图书馆 CIP 数据核字(2014)第 279665 号

书　　名	绝色佳肴:点亮生活的 **72** 道极致美味	
作　　者	粉竽粘糖	

出版发行　浙江科学技术出版社

地址:杭州市体育场路 347 号　　邮政编码:310006
办公室电话:0571-85176593
销售部电话:0571-85176040
网址:www.zkpress.com
E-mail:zkpress@zkpress.com

排　　版	杭州兴邦电子印务有限公司
印　　刷	浙江新华印刷技术有限公司
经　　销	全国各地新华书店

开　　本	787×1092　1/16	印　张	11
字　　数	200 000		
版　　次	2015 年 2 月第 1 版		2015 年 2 月第 1 次印刷
书　　号	ISBN 978-7-5341-6361-6	定　价	38.00 元

责任编辑　王巧玲　　　　　　**责任校对**　梁　峥
责任印务　徐忠雷　　　　　　**特约编辑**　胡燕飞

静下心来，
感受美食带来的
无与伦比的成就与喜悦！

前言
PREFACE

　　说起做菜，挺惭愧，二十七岁前，我基本不会厨房事务。偶尔下厨做出的食物，不是半生不熟，就是难以下咽，以至对炊事逐渐生畏。那时特别崇拜心灵手巧、菜品做得让人垂涎欲滴的厨娘们，再想想自己，只能绝望地感叹："我一定是没有做菜的天赋吧。"

　　有一次和父亲闲聊，父亲问我："为什么不喜欢做菜呢？"我无奈地回答："我做出的菜太难吃了，就不喜欢做了。"父亲和蔼地看着我，笑着道："你有没有想过，做菜是做给你最爱的人吃的，注入爱去做菜，食物就会变得很美味。"那一刻，我似懂非懂。在以后的日子里，每当我下厨，就会想起父亲的那句话，渐渐地我做出来的食物越来越美味，还得到了家人和朋友的称赞。原来，爱与食物是息息相关的。

　　偶然的机遇，抱着学习的态度，我开始写美食博客。网络上丰富的资源，给我提供了广阔的学习空间，让我对美食有了更深的理解。如今，"美食"这一爱好已与我的生活密不可分。一道道美食在亲朋好友的惊讶和赞叹中被分享，让我变得越来越自信。遇到困难的时候，家人的鼓励，让我体会到家和爱的力量。来自五湖四海的朋友们的相互交流，让各地的美食文化，鲜活地呈现在我们的巧手之下。很多朋友把做菜看成一件很累的事，但对我来说，美食除了让人享受，更能让我的内心变得宁静。几碟可口的小菜，一碗暖心的汤羹，一段饭后甜点的慢时光。欢声笑语，弥漫在快乐的小屋，三五好友聊聊美食，聊聊家庭……幸福的生活本该如此。

　　可能由于职业的关系，我是一个在美食中不安分的人。我喜欢突破传统，给简单的食材赋以新意，让更多的元素融入其中；也喜欢把烹饪当作艺术来铺陈，让人享受到更唯美的视觉画面，带来更多心灵的触动。时代在变，生活在变，观念在变，所以美食也应该有更多的变化。朋友们多次提议，让我把菜品整理成一本书，借着这次机会，我把我的菜品介绍给大家，希望大家喜欢的同时，也可以做给自己身边的人一起分享，因为"美食"实在是一件让人快乐的事情。

　　《绝色佳肴》不是一本传统的菜谱书，里面精选了我多年的美食作品。一部分是参加比赛的获奖作品，一部分属于自创的菜品，还有一部分是经典的美食佳肴。这本书分为"精细小日子""客似故人来""精彩午夜场""悠闲慢时光"4个章节，涵盖的菜品范围较广，有家常菜、宴客菜、零嘴、小吃以及各式西点和甜品，还附有我多年积累的美食技巧和心得，每道菜还配有简短的心情文字，我希望带给大家的是一本有个人特色的美食书。美食对于我来说还只是业余爱好，不足之处肯定不少，希望大家给予指正，多多交流。

　　在此感谢浙江科学技术出版社给我机会，感谢我的编辑给予我的支持和帮助，也感谢我的家人和朋友给予我的爱和力量，美食路上有你们相伴，是我前进的动力，也是我此生最大的幸运。

粉竽粘糖

2014年11月

　　注：本书的调味料用量以粉竽粘糖
　　　　常用的工具描述。1汤匙约为
　　　　15克，1茶匙约为5克。

我渐渐明白，人们的幸福，不只在花前月下，更多的，渗进了最真实的柴米油盐中。自然抵达舌尖的感动，不仅仅只是果腹，美味让心灵充满了温馨和暖意。忘却生活里的艰辛疲累吧，在宽敞明亮的厨房里，穿上心爱的围裙，挥动灵巧的双手，烹出一道道令人食指大动的美味佳肴。不用抱怨生活的平淡无奇，日子的索然无味，很简单地享受着家人心满意足的快乐，我们的"小日子"就会越过越精致，越过越有爱的滋味。

第一篇

精细小日子
精致家常菜

01 ／ 香橙排骨

舌尖上弹起了双重奏

一直以来，我都喜欢用水果入菜，温和的果酸香甜味，总让人回味无穷。当橙香与肉香在舌尖上弹起双重奏，感官上的诱人与入口的清爽融汇在一起，酸酸甜甜，恰如其分。每次端上桌，瞬间被一扫而空，谁又能抵得住这双重的诱惑？

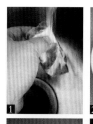

去除排骨腥味的 4
个要点：冲洗、浸
泡、焯水、去浮沫

糖的 厨 房 解 密

这道菜要做好，排骨鲜香并且无异味是非常重要的，这就需要给排骨去去腥，以下是我总结的 4 个要点，可以彻底去除排骨的腥味：

••• 一定要买新鲜、质量有保证的排骨，排骨买回来后放在水龙头下慢慢冲洗，大致需 15 分钟，这样能去除一部分血腥味。

••• 排骨洗干净后，放入清水里浸泡 30 分钟，中途需翻动几次。这时可以看到清水渐渐变成红血水，排骨里的血水泡出来，排骨的颜色逐渐变白。

••• 锅里放适量的水，加入姜片和料酒，放入排骨开盖煮 3 ~ 5 分钟，中途需翻动。这时可以看到排骨的表面和骨头里有浮沫溢出，这些浮沫也是腥源。

••• 焯过水的排骨用清水冲净表面的浮沫，这时的排骨变得鲜香无异味。

主料：肋排 600 克、橙子 2 ~ 3 个

调料：白糖 1 汤匙、生抽 1 汤匙、老抽 1/2 汤匙、橄榄油 1 ~ 2 汤匙、熟芝麻适量、姜片适量、料酒适量

配饰：韭花菜 1 根、橙皮 1 块

(做法)

1 橙子、肋排备好。

2 排骨放在水龙头下慢慢冲洗净，大致 15 分钟，然后把排骨放入清水里浸泡 30 分钟，中途翻动几次，泡出血水。

3 锅里放入适量的水，加入姜片和料酒，放入排骨开盖煮 3 ~ 5 分钟，中途需翻动，然后用清水洗净排骨表面的浮沫。

4 另锅下水放入排骨炖煮 1 个小时。

5 捞起排骨，把排骨切成两段（也可不切）。

6 将橙子榨出汁，放入 1 汤匙白糖拌匀，静置 10 分钟（也可以倒入锅里再放白糖或冰糖）。

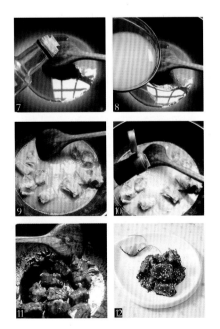

7 锅里放入橄榄油烧至微热。

8 倒入橙汁。

9 橙汁烧开后放入排骨，翻炒片刻。

10 再淋入生抽和老抽翻炒一会儿。

11 盖上盖子，中途翻动几次，收干汁。

12 排骨出锅，放入盘中，盘边放入用韭菜花和橙皮做的盘饰，撒上熟芝麻即可。

糖之心语

裹汁的时候中途要翻动几次，这样容易让排骨均匀地上色，也不容易粘锅。

02 / 韩式泡菜萝卜炒牛肉

吃牛肉的哲学

"累"是个很抽象的词,虽然有时事情并不多,但仍旧觉得很累。这时我会为自己炒上一份牛肉,当滑嫩的牛肉滑入口中,辣中带甜的滋味,心情就莫名其妙地好了起来。随意的配搭,竟然如此好吃,心里有点小小的骄傲,又有点小小的感动。

主料:牛肉 250 克、蒜薹 20 克、红椒 20 克、黄椒 20 克、韩式泡菜 50 克、韩式泡萝卜 50 克

调料:大喜大烤肉酱 1 汤匙、生抽 1 汤匙、老抽 1/2 汤匙、盐 1/2 茶匙、油 2~3 汤匙

做法

1. 材料备好。

2. 将泡菜和泡萝卜切小块,蒜薹洗净切段,红椒和黄椒切成菱形片备用。

3. 将牛肉切粒,加入烤肉酱、生抽、老抽、盐和 1 汤匙油腌制 30 分钟(最后封油腌牛肉会让肉质更嫩滑)。

4. 锅中下油,将牛肉滑熟盛出待用。

5. 锅内留底油,煸香泡菜和泡萝卜。

6. 倒入蒜薹和黄、红椒片继续煸炒。

7. 倒入牛肉继续煸炒。

8. 炒匀即可出锅。

03 / 咖喱孜然烤鸡翅

烹饪着迷之处在于"妙手混搭"

烹饪让人着迷之处，在于它的出人意料和无数种可能性。偶尔的"妙手混搭"，却创造出如此美味。满屋飘荡着咖喱和孜然的香气，美味从舌尖直抵内心深处……这是我吃过的最好吃的烤鸡翅，鸡翅控绝对不能错过哦。

主料：鸡翅 10 个

调料：油咖喱 50 克、孜然粉 5 克、二锅头 1 汤匙、姜 2 片、红葱头 2 个、
　　　粘米粉 1 汤匙、生粉 1 茶匙、盐 2 茶匙

做法

1　鸡翅洗净，用刀在鸡翅的背部划两刀（腌制的时候更容易入味），然后淋入 1 汤匙二锅头并用手抓匀。

2　倒入油咖喱，撒入孜然粉。

3　再将姜片、拍扁的红葱头、粘米粉、生粉和盐倒在鸡翅上。

4　用手抓匀，每个鸡翅都要涂抹均匀。

5　盖上盖子放入冰箱腌制 12 小时。

6　将锡纸铺在烤盘上（亚光面朝上），上面放上烤网，然后将腌好的鸡翅放在烤网上（背面朝上）。

7　烤箱 200℃预热，将烤盘烤网放入烤箱中层，烤 10 分钟。

8　取出鸡翅翻面，再烤 10 分钟即可取出装碗。

糖之心语

1. 腌制鸡翅用手抓匀时，最好戴一次性手套，咖喱会将手染色。

2. 腌制鸡翅的时间不低于 6 个小时，最好能超过 12 个小时，这样容易入味。

3. 想要腌制的鸡翅更入味，可以在鸡翅背部划刀或用牙签扎上小孔，腌制时中途翻动几次。

4. 如果没有红葱头可以改用洋葱；没有粘米粉可以不加，用粘米粉来腌制烤肉，能起到使肉外酥内滑的作用；红星二锅头是高浓度清香型白酒，用来腌制烤肉，会让烤肉味道更香浓，千万不要用米酒或花雕酒来腌制，会掩盖鸡肉的香味。

5. 锡纸铺在烤盘上可以防止烤盘弄脏；鸡翅放在烤网上烘烤，受热更均匀。

6. 烤制鸡翅的时候，先烤鸡翅的背面，然后再正面，这样烤出来的鸡翅更漂亮。

7. 如果想要嫩滑的口感，烤鸡翅时间应控制在 20 分钟左右；想要焦香的口感，则可以适当延时。

04 / 泰式咖喱虾　食欲不振时的"良药"

酸辣鲜香的泰式咖喱虾，向来是我食欲不振时的"良药"。天然的酸、天然的辣、天然的香……一切源于天然的味道，总让人欲罢不能。浓浓的椰浆咖喱汁裹着虾肉，朝天椒的辣、柠檬的酸和九层塔的香，轻啜虾表面的咖喱汤汁，再剥出肥嫩的虾肉入口，好吃得停不了口。吃完大虾再把咖喱汁拌在米饭里，酸辣香浓，绝对拯救倦怠的食欲。

主料：海虾 300 克、柠檬 1/2 个、朝天椒 3 个、九层塔 2 枝

调料：辣咖喱 2 块、椰浆 150 毫升、葱 1 根、蒜 3 瓣、盐 1 茶匙、糖 1/2 茶匙、油 2 汤匙

做法

1. 材料备好。

2. 海虾洗净，用剪刀从背部剪开虾壳（如果有虾线，需要用牙签挑出）。

3. 朝天椒切圈，葱、蒜切末，九层塔剁碎，椰浆、辣咖喱、柠檬汁备好。

4. 炒锅下油烧热，下葱蒜末、朝天椒圈爆香。

5. 把沥干水分的海虾放入翻炒。

6. 炒至虾的表壳完全变色。

7. 放入辣咖喱块，倒入准备好的椰浆，翻炒均匀。

8. 咖喱和椰浆完全融合时，挤入柠檬汁。

9. 倒入九层塔碎，翻炒均匀，转小火焖煮约 2～3 分钟。

10. 最后加入盐和糖调味即可。

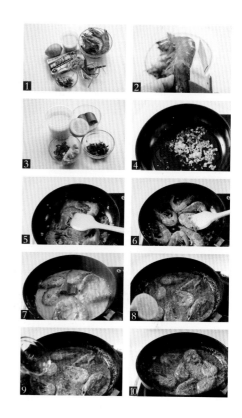

糖之心语

1. 泰式咖喱海鲜菜以酸辣为主，所以这道菜中椰浆、朝天椒、柠檬、九层塔都不可缺。如果没有九层塔，可以用薄荷、柠檬叶、香茅来代替；如果没有椰浆，可以用椰汁或是牛奶代替。

2. 剪开虾背的目的是方便入味和去除虾线。

3. 如果家里有洋葱，可以再放点洋葱，味道会更丰富；也可以加入一些蔬菜如西蓝花、西葫芦、彩椒等，营养更全面。

4. 虾不要煮太久，否则会变硬，影响口感。

5. 喜欢汁多一点的，可多放点椰浆。

05 / 金字塔豆腐夹

唇齿留香的极致美味

外皮坚实金黄、内里嫩如凝脂的豆腐夹，一眼看去，禁不住被吸引。鲜香嫩滑的肉馅，轻轻一咬，顿时香气四溢，下咽后仍然满齿留香。小小的豆腐夹放在碟中，金灿灿的，又形似金字塔，就给它取个有趣的名字——金字塔豆腐夹。

主料：普宁豆腐 4 块、肉糜 200 克

配料：虾米 20 粒、指天椒 8 个、芹菜 1 根

调料：葱白 2 根、姜 2 片、胡椒粉 1/2 茶匙、烤肉酱 2 汤匙、生抽 2 汤匙、油 3 汤匙、盐 1 茶匙、生粉
　　　4 茶匙

做法

1　材料备好。

2　指天椒、芹菜梗切碎，虾米洗净泡发好，再将虾米、葱白和姜剁碎备用。

3　肉糜洗净，放入虾米、葱末和姜末。

4　再倒入 1 汤匙烤肉酱、1 汤匙生抽、1/2 茶匙胡椒粉、1 汤匙油、1 茶匙生粉。

5　顺着一个方向搅拌至起胶待用。

6　将普宁豆腐斜角切成两半，再从顶处中间切开。

7　切开的豆腐撒上少许生粉，再将拌好的肉馅酿入压紧。

8　锅下油烧热调小火，将酿好的豆腐夹放入锅里，撒上盐。

9　煎至两面金黄熟透，盛到盘中。

10　另起锅下油炒香指天椒、芹菜粒，然后淋入 1 汤匙烤肉酱和 1 汤匙生抽。

11　炒匀后再淋入水淀粉，烧至微开即可关火。

12　将做好的芡汁淋到煎香的豆腐夹上。

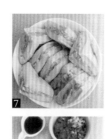

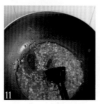

糖之心语

1. 在豆腐上面撒少许生粉，煎的时候里面的肉馅才不容易脱离。

2. 芡汁可以按自己的口味调配。

3. 没有普宁豆腐的话，也可改用普通豆腐。

06 红烧红衫鱼
餐桌上的重头戏

经典的红烧鱼，必然是餐桌上的重头戏。当煎得焦香的红衫鱼，融入了各种调味，海鱼的细腻与鲜美完美地结合在一起，让人口齿留香，回味无穷，轻而易举地俘获了大伙儿的胃。

当鱼皮煎得两面金黄时，颜色非常漂亮，鱼翻身也不容易破皮。

 厨 房 解 密

俗话说：无鱼不成席，煎鱼不破皮。这是每位新手厨娘的必修课，掌握了巧方法，煎鱼不破皮再也不是难题。

••• 煎鱼时用不粘锅，相对来说不容易破皮，而且用油少，比较健康。不粘锅煎鱼时不需要把锅烧得很热，当把姜片放入油锅中，姜与油接触发出吱吱声时就可以放鱼了；如果用铁锅来煎鱼，那一定要热锅热油，油量也要多，才能保持鱼不破皮。

••• 煎鱼之前先用厨房纸巾或是干布擦干鱼表面的水分再下锅，这样不容易破皮，也不会溅油烫伤。

••• 煎鱼的时候火不能太小，最好用中火至中小火，煎至鱼皮发出焦香味，然后抬起锅摇晃一下，如果鱼能晃动就可以翻面了。也可关火等锅冷却一下，这样更容易翻面。

••• 翻面的时候可以用筷子辅助一下锅铲，这样不容易破皮，总之整个过程要小心兼耐心。

主料：红衫鱼 3 条

配料：青红椒各 1 个、葱 2 根、姜 1 块、蒜瓣 4 粒

调料：盐 1 汤匙、广东米酒 1/2 汤匙、酱油 1 汤匙、糖 1/2 汤匙、油 3 汤匙

做法

1 红衫鱼去鳞、去鳃、去内脏收拾好备用。

2 备好配料、调料。

3 红衫鱼清洗干净后沥干水分，用盐涂抹鱼身，腌 1
个小时以上（方便入味，腌过的红衫鱼肉质特别紧
实，夏天腌鱼一定要放入冰箱）。

4 葱切段，蒜拍扁，姜和青、红椒切成菱形块。

5 煎锅下油烧热后，放入一半的姜片，将用厨房纸巾
抹干表面水分的鱼放入煎锅里。

6 中小火将鱼煎至两面金黄。

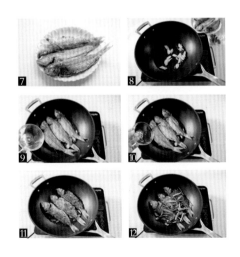

7 小心铲出放入盘里。

8 锅下油爆香蒜瓣和余下的姜片。

9 放入煎好的鱼，淋入米酒，盖上盖子焖一会儿。

10 再倒入糖、酱油和半碗清水，调中小火，盖上
盖子焖一会儿。

11 中途将鱼翻面焖至水分略收干。

12 放入葱段和青、红椒片再焖一会儿即可。

07 / 葱香水蛋 & 虫草花水蛋

蒸出来的营养美味

营养丰富的鸡蛋羹可谓是每家餐桌上的宠儿，体虚牙口不好的老人、病后恢复中的病人和刚断奶的幼儿，都依赖它来补充营养。鸡蛋羹本身味道清淡，我们可以根据个人口味添加各种调味料或配料蒸入其中。就像"葱香水蛋"，淋入了爆香的红葱头，味道更鲜美，而加入虫草花一起蒸制，则更具有食疗的功效。

厨房解密

糖的

俗话说：越简单的菜式要做得好越要下工夫，别看这小小的蒸水蛋，要做到光滑细嫩、入口即化，呈现出菜式的原汁原味，的确要下一番工夫。下面我归总了8个要点，给大家做参考：

●●● **如何用水**：蒸水蛋最好用凉开水，因为自来水中有空气，水被烧沸后，空气排出，蛋羹会出现小蜂窝，影响蛋羹质量，使嫩感缺失，营养成分也会受损；也不宜用热开水，开水会将蛋液烫成蛋花，蒸不出蛋羹，营养同样会受损。用凉开水蒸鸡蛋羹，能使营养免遭流失，也会使蛋羹表面光滑，软嫩如脑，口感鲜美。

●●● **水量比例**：蒸水蛋蛋液和水的比例以1:1或1:1.5为佳，这样蒸出来的水蛋口感较嫩滑。如果不能拿捏水量，可直接用蛋壳来兑，这样准确率高。

●●● **打蛋技巧**：水蛋内会有蜂窝孔，有部分原因是打蛋技巧不佳让蛋液内产生气泡，因此打蛋时应顺一个方向不停地搅打，才会使蛋液变得细滑。

●●● **滤去浮沫**：蒸水蛋的蛋液一定要用滤网过滤掉浮沫并将表面的气泡挑干净，保证蛋液表面光滑平整，这样蒸出来的鸡蛋羹才不会有难看的蜂窝。

●●● **蒙保鲜膜**：在碗上蒙上一层保鲜膜并用牙签在表面扎几个小孔，这样是为了防止蒸汽回落到蛋羹上而导致蛋羹表面坑坑洼洼，保证蒸出来的鸡蛋羹细腻无泡，嫩滑无比。建议用耐高温的保鲜膜，如果怕保鲜膜不安全，可以在碗上扣个盘子。

●●● **蒸蛋火候**：蒸水蛋一定要用中火，火头过大，水蛋容易变老，还会产生难看的蜂窝。

●●● **蒸制时间**：蒸制时间切忌过长。由于蛋液含丰富的蛋白质，加热到85℃左右就会逐渐凝固成块，蒸制时间过长，就会使蛋羹变硬，使蛋白质受损。蒸汽太大会使蛋羹出现蜂窝，鲜味也会降低。蒸蛋时间以熟而嫩时出锅为宜，由于装蛋羹的容器材质不同，火候不同，蒸水蛋需要的时间长短也有所不同，需要自行把握。

●●● **油盐调配**：蒸水蛋吃的就是蛋羹的鲜美嫩滑，油盐不宜放太多，否则会减低甚至失去鲜美度。

主料：鸡蛋4个、虫草花5克、红葱头1个、葱1根、
　　　凉开水4个鸡蛋的量
调料：盐1茶匙、蒸鱼酱油几滴、油适量

做法

1　鸡蛋打散，相同比例的凉开水备好。

2　蛋液中加入1茶匙盐，兑入凉开水，朝一个方向
　搅拌均匀，静置3～5分钟，让两种液体融合，
　然后用筛网过滤1～2次。

3　虫草花洗净浸软，红葱头、葱切碎待用。

4　虫草花放入一个碗中，把滤好的蛋液慢慢地均等地
　倒入两个碗中（如表面有气泡要用勺子挑去）。

5　碗用保鲜膜包上，用牙签在表面扎几个小孔。

6　锅下冷水，把碗放到蒸锅里，盖上盖子，中火蒸
　12～15分钟。

7　待蛋液凝固、熟而嫩时出锅，撕下保鲜膜，将碗拿出。

8　另取锅放入适量的油烧热。

9　淋1汤匙烧热的油在虫草花水蛋上面。

10　余下的油放入红葱头碎爆香。

11　淋1汤匙烧热的油和少量爆香的红葱头在另一碗水
　蛋上面。

12　各滴入几滴蒸鱼酱油，撒上葱花即可。

糖之心语

1. 加入爆香的红葱头，与水蛋产生一种特别的风味，非常鲜美，但油盐不宜放太多，两个鸡蛋加1
汤匙油为妙，半茶匙盐、几滴蒸鱼酱油即可，太多反而减低鲜美度。

2. 由于虫草采用牛奶、大米等作为营养基来培殖，会产生一种特别的清香味，与鸡蛋配搭，鲜上加鲜。
加入虫草花的蛋羹会产生一点空洞，但不影响鲜滑的口感。

08 / 干煸四季豆

最欠"煸"的川味家常菜

　　干煸四季豆这道色香味俱全的家常菜，在我的眼里，却是最欠"煸"的川菜。如果四季豆不"煸"熟，它就具有毒素，一疏忽大意就让吃的人身中"百步断肠散"，还不带解药，所以我们要毫不留情地将"煸"进行到底，彻底歼灭毒素。

厨 房 解 密

做 出焦香味浓的四季豆的 5 个诀窍：

- ••• 洗净的四季豆一定要用厨房纸或干布吸干表面水分，不然会引起油爆。

- ••• 没有熟透的四季豆会引起食物中毒，所以炸的时候一定要将其炸透。

- ••• 油炸四季豆时要注意火候，不要将其炸煳，用中火慢慢煸至表面变白、外皮开始出现皱褶即可。

- ••• 炸透后的四季豆再次入锅和调料一起炒匀即可，炒的时间不要过长，避免色泽发黑。

- ••• 所有材料下锅后，要炒至水分收干，这样干煸出的四季豆才好吃。

主料：四季豆 300 克、里脊肉 100 克

调料：干红辣椒 50 克、蒜 15 克、油适量、料酒 1 汤匙、生抽 1 汤匙、糖 1 茶匙、花椒粉 1 茶匙、
　　　盐 1~2 茶匙、鸡精适量

做 法

1. 四季豆、里脊肉、干红辣椒备好。
2. 肉剁成末；干红辣椒洗净灰尘，擦干水分剪成小段；蒜剁成蓉。
3. 四季豆两头去筋，洗净后掰成 5 ~ 6 厘米长段，用厨房纸吸干表面水分。
4. 锅置火上，倒入油大火烧至五成热时，放入四季豆，改成中火慢慢煸至表面变白、外皮开始出现皱褶，捞出沥干油备用。
5. 炒锅下油烧热，爆香蒜和干红辣椒。
6. 放入肉末，用铲子快速将肉末划散，淋入料酒，把水分翻炒煸干。
7. 倒入炸过的四季豆，调入生抽、鸡精、盐、糖、花椒粉翻炒。
8. 炒匀入味后煸干水分，出锅装盘。

糖之心语

1. 加糖有提鲜的作用。

2. 多加点蒜，可以提香。

3. 炸过的四季豆吸咸味，盐可以少放些。

09 大盘长豆角

时下最流行"吃好吃土"

吃过大盘长豆角的，一定很难忘记它的美味，用料简单，制作豪放，农家风情却十足。
当原锅端上桌时，掀开锅盖，香气扑面而来，急不可耐地将长豆角充溢口中，大快朵颐
地享受美味，这是时下最流行、最豪放、最过瘾的土吃法。

主料：长豆角700克、五花肉50克

调料：蒜8粒、盐2茶匙、鸡精1茶匙、香油1滴

做法

1 长豆角洗净折成三段备用。

2 五花肉切成薄片，蒜去皮剥成粒备用。

3 锅下水烧开后，滴入1滴香油，撒入1茶匙盐，然后把长豆角放入焯水，煮软后捞出，沥干水分备用。

4 把五花肉片和蒜粒放入锅里。

5 小火煸香五花肉片和蒜粒，逼出猪油。

6 放入长豆角，开大火快速翻炒。

7 撒入1茶匙盐和鸡精。

8 翻炒均匀即可。

糖之心语

焯水时滴入1滴香油，撒入1茶匙盐，再放入豆角，煮至豆角微软变色即捞出，然后迅速过凉水，这样能让豆角保持翠绿的颜色。

IO / 干煸花菜
花菜的最高礼遇

花菜的烹饪方式有很多，可以搭配河鲜，可以加入五花肉烩炒，还可以加入番茄酱、辣椒酱等做成酸甜咸辣的口味，甚至可以成为火锅的配菜……诸多吃法中，我最青睐"干煸花菜"，在我看来这是对花菜的最高礼遇。

将五花肉煸香，姜、蒜、干辣椒和花椒爆香，再激香酱料，加入蒜苗去烹制，更能激发出花菜的脆甜，使这道普通的家常菜瞬间变得与众不同，耐人寻味。

主料：花菜 1 个（500 克）、五花肉 150 克、蒜苗 1 根

配料：蒜 6 瓣、姜 2 片、干辣椒 10 个、花椒 15 粒、酱油 2 汤匙、盐 2 茶匙、鸡精 1 茶匙、油 1 汤匙

做法

1. 花菜掰成小朵，放进盐水中浸泡 10 分钟后洗净，五花肉切薄片，蒜苗切段，蒜姜切片，干辣椒剪成小段，花椒备好。

2. 锅下水烧开，放入 1 茶匙盐，然后倒入花菜焯水 1 分钟，过凉后沥干水分。

3. 锅烧热，淋入 1 汤匙油，放入五花肉小火煸香（用铲子压五花肉，逼出肥油）。

4. 放入姜片、蒜片、干辣椒段和花椒煸香。

5. 淋入 2 汤匙酱油。

6. 倒入花菜，撒入 1 茶匙盐提味，快速翻炒。

7. 倒入蒜苗，撒入鸡精。

8. 翻炒片刻即可装盘。

糖之心语

1. 花菜掰成小朵，放进盐水中浸泡 10 分钟左右，这样藏在花菜缝隙中的菜虫就自己跑出来了，而且还有助于去除残留的农药。除了花菜，对于西蓝花也可以采用这个办法来清洗。

2. 要等五花肉煸出香味，姜、蒜、干辣椒和花椒爆出香味，酱油激出酱香味后再放入花菜，这样炒出来的花菜才好吃。

3. 喜欢吃辣的同学，可以多加点干辣椒，辣味更浓，吃起来更香。

4. 花菜提前焯水后快速翻炒才能保持脆脆的口感，如果喜欢更生脆一些的，可以不焯水。

手撕茄子

那一碗灵魂调料汁

茄子荤素皆宜，可炒、烧、蒸、煮，也可油炸、凉拌，我最喜欢的却是手撕茄子。而能将手撕茄子的味道发挥到极致的，莫过于那碗灵魂调料汁。一碗好的调料汁，用途多多，可以拌蔬菜、肉类、海鲜、面条……只有你想不到的，没有它拌不了的。

糖的 厨 房 解 密

凉 拌菜看似简单，但真正要做好还是有许多小细节要注意的，特别是调料汁的调配，绝对是灵魂步骤。

••• 食材要新鲜，拌之前一定要清洗干净；器皿、洗切物件最好用开水烫过。

••• 凉拌食材最好切成均匀的大小，以便充分地吸收凉拌汁。

••• 酱油和香醋的比例是2:1，也就是2汤匙酱油，1汤匙香醋，以此类推，香醋还有杀菌的作用。

••• 大蒜最好用压蒜器压成泥，这种方式比用刀切末出来的味道更浓郁。一定要添加蒜泥，因为蒜泥有杀菌功效哦。

••• 最好用自制的辣椒油，香辣味十足，再加入几滴芝麻油，香味更浓郁。

••• 如果食材水分较多，可以先用盐腌一会儿，再把水倒掉，这样食材的口感会变得更爽脆。

••• 焯烫过的菜，一定要过凉，再沥干水分，这样才能保持脆感。

••• 有的食材，可以适当添加香菜或葱花，以增加凉拌菜的风味。

主料：茄子2条、香菜2～3根、蒜1个、指天椒6粒

调料：酱油4汤匙、香醋2汤匙、盐1茶匙、鸡精1茶匙、芝麻油几滴、自制辣椒油适量

做 法

1 材料备好。

2 茄子去头去尾，放入蒸锅大火蒸熟。

3 同时准备凉拌调料，指天椒切圈，蒜压成泥，香菜切末，酱油4汤匙、香醋2汤匙、盐
   1茶匙、鸡精1茶匙、芝麻油几滴、自制辣椒油适量，调配成凉拌汁。

4 茄子蒸软至用筷子能插入即可（要多插几个地方）。

5 将茄子拿出，撕开两半放入盘中放凉。

6 凉后再撕成细长条。

7 撒入香菜末、辣椒圈和蒜泥，再淋入备好的凉拌汁。

8 拌匀放置一会儿即可开吃。

12／茶树菇炖排骨

　　酒喝多了会上瘾，烟吸多了会成瘾，对我来讲，汤喝多了也有瘾。即使再忙碌，我都会为家人和自己炖上一盅汤。听着电炖锅由远而近传来的"咕嘟咕嘟"声，鼻端由淡渐浓弥散着茶树菇的香气，等待漫长，内心却是温暖而幸福着……

主料：排骨 250 克、茶树菇 30 克、胡萝卜半根
调料：姜 4 小片、盐适量

做法

1. 排骨切块洗净备用。
2. 茶树菇提前半小时泡发好。
3. 胡萝卜去皮切滚刀块，姜切片备好。
4. 锅下水烧开后，放入排骨焯水，然后洗净排骨表面浮沫。
5. 将排骨、茶树菇、胡萝卜块和姜片放进内胆里，加入适量的水。
6. 把内盅放入电炖盅里，盖上盖子，在周边加入适量的水。
7. 调到筋骨键。
8. 4 小时后听到铃响就表示炖好了，加入适量盐即可开吃。

13 / 上汤芦笋

上汤与芦笋相遇

当上汤遇到芦笋，芦笋在上汤里翻滚，吸收了上汤的精华，品尝清新的口感之余还能享受到浓郁的汤底。整道菜在浓汤点缀下，清鲜淡雅，健康、美味两不误，还别有一番韵味。

芦笋是世界十大名菜之一，又名石刁柏。在国际市场上享有"蔬菜之王"的美称。芦笋富含多种氨基酸、蛋白质和维生素，其含量均高于一般水果和蔬菜。特别是芦笋中的天冬酰胺和微量元素硒、钼、铬、锰等，具有调节机体代谢、提高身体免疫力的功效，对高血压、心脏病、水肿、膀胱炎等均有预防和治疗的作用。

主料：芦笋 500 克、草菇 200 克、皮蛋 2 个、蒜瓣 4 粒、高汤 1 升（含盐）、油 1 汤匙

做法

1 材料备好。

2 用小刀依次削去芦笋的小叶片。

3 切掉老根部位。

4 再削去根部的老皮，洗净芦笋。

5 草菇洗去表面的泥沙，对半切开。

6 蒜瓣拍成碎粒，皮蛋去皮切成小块备好。

7 锅下油爆香蒜粒和皮蛋块。

8 倒入高汤，煮开后略煮一会儿。

9 倒入草菇。

10 再倒入芦笋。

11 将草菇和芦笋煮软即可。

12 将上汤芦笋装入盘中即可端上桌。

14 / **鲜虾烩冬蓉**

原来汤也能入"画"

　　这道菜一眼看去，像一幅淡雅而又幽静的水墨画，细细品一口，融入了虾的鲜甜、瓜蓉的细滑，浓厚柔滑而清爽鲜美，令人回味无穷。

主料：冬瓜 1000 克、虾仁 400 克、高汤 350 克、鸡蛋清 1 个、淀粉 1 汤匙

做法

1. 材料备好。

2. 冬瓜去皮去瓤，切成片。

3. 将冬瓜片放入锅里，倒入清水盖过冬瓜片。

4. 大火煮至透明状。

5. 将冬瓜片放入凉水中漂洗几次，去掉瓜腥味。

6. 鲜虾去壳、去虾线成虾仁。

7. 将虾仁放入热水中焯烫，捞出。

8. 漂洗好的冬瓜片捞出放入锅内，用搅拌机打成冬蓉。

9. 倒入高汤。

10. 汤煮至微沸时，放入虾仁，倒入水淀粉勾芡，搅拌均匀，稍煮一会儿。

11. 再次煮微沸时，离火推入打好的鸡蛋清。

12. 用筷子顺时针方向将蛋清搅拌成丝片状即可。

糖之心语

1. 冬瓜煮好后要放入凉水中漂洗，一方面可以使冬瓜更透明，另一方面可以去掉瓜腥味。

2. 如果你的搅拌机没有平底锅搅拌功能，最好将食材放到专业的搅拌杯里搅拌，以免伤到锅体。

3. 如果高汤没有加盐，则要加入适量盐。

4. 推芡时汤不宜大滚，避免生粉结成团；下水淀粉要适当，稀稠度要合适。

5. 推蛋清时汤要微沸，这样能使蛋清瞬间成蛋花。

15 绿豆酿莲藕 & 莲藕骨汤
欲秋还夏时节不可错过的一藕两吃

欲秋还夏时节的莲藕，藕香浓郁，绵粉甘甜，做"绿豆酿莲藕"再适合不过。绿豆镶在莲藕中，一眼看去，甚不起眼，可一口咬下去，粉香缠舌。品一口"绿豆酿莲藕"，再啖一口"莲藕鲜莲汤"，一股淡淡的藕香在鼻间萦回，烦躁的心绪顿时平复下来。

主料：莲藕 3 节、猪脊骨 500 克、去皮绿豆 100 克、鲜莲子 150 克

调料：姜 1 片、盐适量

做法

1 材料备好。

2 锅下水放入猪脊骨焯水，然后洗净表面浮沫，备用。

3 莲藕用刷子洗去表皮的泥，然后削去表皮。

4 莲藕取一头切开。

5 塞入洗净的去皮绿豆，边塞边用筷子压实。

6 塞满后盖回切块，并用牙签固定好。

7 汤锅放入猪脊骨、姜片和塞满绿豆的莲藕，注入适量清水，用中火煲 1 个小时 15 分钟。

8 倒入鲜莲子，继续用中火煲 15 分钟。

9 调入适量的盐（以汤的咸味为准），盖上锅盖离火静置半个小时。

10 捞出切片即可。

糖之心语

1. 塞去皮绿豆时，可以借助筷子压实，绿豆压得够实煮好的莲藕切片才会漂亮。

2. 塞满绿豆的莲藕盖回切块时，一定要用牙签固定好，否则中途会散开。

3. 煲绿豆酿莲藕的时间最好不要超过两个小时，否则莲藕会自动裂开。

4. 调入盐后，离火静置半小时，可以让莲藕入味，但这盐量以汤的咸味为准，如果觉得原味吃绿豆酿莲藕太淡，可以在去皮绿豆里拌点盐，然后再塞入莲藕中。

5. 切片后的绿豆酿莲藕可以直接食用，也可以蘸蒸鱼酱油吃，味道都很好。

6. 如果想莲藕汤的味道更浓郁些，可以加入章鱼或鱿鱼一起煲，汤会更鲜甜；若是体质虚寒的女士，可以将绿豆换成红豆或花生，味道一样很赞。

16 黑椒牛肉炒意粉　一盘有滋有味的"人气西餐"

　　生活有时像一杯浓茶，你想品却未必能品得出味道来；生活有时又像苦涩的咖啡，让人觉得辛苦难忍；生活有时更像甜蜜的糖果，让人觉得幸福美好，想一直品着走下去……其实，只要你认真地对待生活，你就会发现：生活就像这盘"人气西餐"，用黑椒加上牛肉，再加点荷兰豆、胡萝卜、薄荷的友情出演，炒出来的意粉瞬间变得有滋有味。在饱腹之余，品出的是生活的真谛。

 # 厨房解密

黑椒牛肉炒意粉比较适合中国人的口味，在烹饪时也比较容易把握，不容易失手。但要做得好吃，还是要掌握 4 点诀窍：

●●● 牛肉的选择：牛里脊是首选，其次是牛霖。肉筋少，肉质细嫩，适于滑炒、滑熘、软炸等。

●●● 牛肉的处理：让牛肉口感更嫩滑，只需加入盐、糖、生抽、研磨黑胡椒碎、水淀粉拌匀，最后倒油封油，腌制 10 分钟后，热锅热油，瞬间烫熟牛肉，锁住水分，这样炒出的牛肉嫩滑味足。

●●● 煮意面的火候：煮意粉的时候最好少煮两分钟，这时炒出来的意粉口感最好，也不要沥干意面的水分，这样炒出来的意面干湿度刚好。

●●● 黑椒的烹法：最好选择现磨的黑椒，烹饪时分三次磨入：一是在腌制牛肉时，二是在放入意面后，三是在起锅前。这样做出来的黑椒牛肉炒意粉更有滋味。

主料：牛霖 250 克、意粉 150 克、荷兰豆 100 克、胡萝卜少许、薄荷适量

调料：淀粉 1 汤匙、橄榄油 3 汤匙、盐 3 茶匙、糖 1 茶匙、生抽 2 汤匙、黑胡椒碎适量

做法

1. 牛肉切片，荷兰豆去老根洗净，胡萝卜切丝，薄荷、意粉备好。

2. 牛肉撒 1 茶匙盐、1 茶匙糖、1 汤匙生抽、少许黑胡椒碎搅拌均匀，加入水淀粉再次搅拌均匀，最后倒入 1 汤匙橄榄油封油，腌制 10 分钟。

3. 锅下水烧开，放入 1 茶匙盐焯熟荷兰豆，荷兰豆煮至七分熟即可捞出，过凉沥干水分待用。

4. 再放入意粉煮 10 分钟（一般意粉需煮 12 分钟，少两分钟口感最好）。

5. 用夹子捞出放入碗中待用（不要沥干水分）。

6. 炒锅烧热，倒入橄榄油，放入牛肉大火滑炒至变色。

7. 倒入意粉翻炒均匀。

8. 倒入荷兰豆翻炒。

9. 磨入少许黑胡椒碎。

10. 倒入胡萝卜丝和薄荷。

11. 淋入 1 汤匙生抽，调入 1 茶匙盐，翻炒均匀。

12. 再磨入少许黑胡椒碎即可装盘。

17 油泼扯面

心目中的那一碗面

吃米饭长大的我，无意间却爱上了油泼扯面。当热油浇在面上的那一刻，辣椒的香气交杂着蒜、葱的清香，扑鼻而来，浅尝一口，百感交集，那浓浓的陕西味，正是我心目中最想要的那一碗面。

 糖 的　厨 房 解 密

陕西扯面是陕西人最爱吃的面食之一，扯面又叫拉面、拽面、抻面、桢条面、香棍面等，据说已有三千多年的历史。油泼面是在周代"礼面"的基础上发展演变而来；秦汉时期称之为"汤饼"，属于"煮饼"类中的一种；隋唐时期叫"长命面"，意为下入锅内久煮不断；宋元时期又改称为"水滑面"。

扯面的形状，有拉拽宽厚如腰带的大宽长面，俗称"棒棒（biàngbiàng）面"；有细薄似韭叶的二宽面；有细如银针的龙须面；有粗细如筷子的箸头面；有三棱形似宝剑的剑刃面；有拽成短节的"空心面"。

陕西油泼扯面，面长不断，光滑筋韧，酸辣味美，热油浇在面上的那一刻，辣椒的香气交杂着蒜香和小葱的清香，扑鼻而来，浅尝一口，那就是浓浓的陕西味道。

要玩转油泼扯面，我觉得要掌握好以下7点：

••• 面粉和水的比例要掌握好，和面的水要一点点地放，别一下子都倒进去。厨师机和面的时间是6 ~ 7分钟，面包机和面的时间是40分钟，如果没有厨师机或者面包机，可以用手揉面团，揉10分钟，醒一下，再继续揉，反复几次，直到面团有劲度就可以了，不要揉上劲，以免吃的时候太有嚼劲。

••• 醒好的面，做成剂子之后，放在盘子里，盘子底部一定要抹上油，面团剂子的表层也要刷上油。

••• 扯面的时候动作要轻，可以边扯边在案板上轻轻摔一下再扯，如果不摔就用力扯，面容易断。

••• 扯面最好用辣椒粉，呈很细的粉末状。辣椒粉的好坏决定着这碗面的成功与否，非常重要哦，我用的是朋友从四川寄来的辣椒粉，最好能从陕西当地购买。

••• 蒜、姜、葱末必不可少，配菜可以根据个人喜好随意添加或减少。如果家里有炖好的肉，可以放点碎肉，再用炖肉的汤代替生抽，最后再泼油，味道也特别好。

••• 煮好的面不用过水，可以直接放在碗里。淋面的油一定要热，如果油不够热，浇上去之后，辣椒粉不会瞬间变香烫熟；但油温过高，泼上去辣椒粉的颜色会变黑，影响美观，口感也会差一些。

••• 泼油的时候油要稍多些，但不能过量。泼好的面条要根根带油，但碗底不能存油，碗底存油说明油多了，吃起来太显油腻。

主料：面粉 300 克、水 161 克、盐 2 克、油适量

酱料：辣椒粉 2 汤匙、蒜末 2 汤匙、葱末 2 汤匙、姜末 1 汤匙、生抽 3 汤匙，老陈醋 1 汤匙

做法

1. 水和盐放入厨师机缸里搅匀。
2. 加入面粉，开动厨师机搅揉一个程序（6 ~ 7 分钟）。
3. 揉成光滑面团。
4. 揉好的面团盖上保鲜膜醒 30 分钟。
5. 蒜、葱、姜分别切末，生抽、老陈醋调配好，辣椒粉备好。
6. 醒好的面团搓成长条状。
7. 均匀切割成小剂子，每个大约 30 克。
8. 盘子底层刷上一层油。

9. 切好的剂子搓成圆筒状，码放在盘子里，面团上刷一层油，盖上保鲜膜醒 1 个小时。
10. 醒好的面团擀成长条状，用擀面杖在中间压一下。
11. 两手揪住面皮的两端将面扯长，如果中间厚就扯住两端摔打案板，这样面就会越扯越长。
12. 中间横压的部位会形成一道薄膜，在薄膜处轻扣开一个口，扯开。
13. 锅下水烧开，下入扯好的面条。
14. 搅散煮至断生（2~3 分钟），捞出盛在碗内。
15. 在面上浇 1 汤匙调配好的酱汁，将蒜、葱、姜、辣椒粉码在面上。
16. 锅中油烧至七八成热，立马泼在辣椒粉和葱、姜、蒜末上，拌匀即可。

糖之心语

热油浇在面上的那一刻，辣椒的香气交杂着蒜香和小葱的清香，扑鼻而来！用此法还可制成臊子扯面、炸酱扯面、番茄炒蛋扯面、羊肉烩扯面等。

18 / 虾皮韭菜盒子

简单的组合，不简单的味道

　　韭菜盒子，材料简单，只用了韭菜和虾皮，也有再丰富点的，加个鸡蛋，算是有荤有素，可吃起来味道却一点也不简单，最能体贴家人的脾胃。一口咬下去，外皮酥脆软糯，里面的韭菜鲜香扑鼻，仿佛闻到了春天的味道，心情顿时明媚起来。

营养小贴士

　　韭菜含大量膳食纤维,可清洁肠壁,促进排便。加入虾皮后,更加适于春季食用。这道菜营养丰富,并能温中养血,温暖腰膝,是非常养生的春季传统美食。

 厨 房 解 密

　　韭菜盒子以前做过一次,放凉后口感发硬,难以下咽,有次向婆婆取了经,这里爆一爆婆婆的私房窍门吧:

●●● 韭菜盒子的面团最好用烫面团,水温要控制在80℃以上。用烫面团做的韭菜盒子口感细腻、酥脆软糯,即使凉了也会比较软,肠胃消化不好的朋友也能享用。

●●● 烫面的热水量可以根据个人口感加减,可硬可软。如果没面包机,也可手动将面粉揉成团,不需要揉至光滑,因为醒后的面团一揉就光滑了,我不喜欢面粉粘手的感觉,所以用面包机揉成团。

●●● 韭菜切末后要立马调入香油,增香的同时也能瞬间锁住韭菜的水分,包馅的时候就更加容易操作。

●●● 虾皮要先用清水洗去盐分,再用油炒香,一来是让口感更好,二是有助于吸收钙质。

●●● 搓成长面剂子时,余下的面团要放到盆里,盖上锅盖或保鲜膜,以免面团变干影响口感。

●●● 韭菜盒子生坯的面皮口一定要捏实,不然在煎制时生胚受热膨胀面皮口容易破裂。

●●● 煎制韭菜盒子生坯时,先用中小火将两面烙成金黄色,然后调小火再重复烙两次,这样烙出来的韭菜盒子口感更佳。

●●● 如果想要口感更软糯,可盖上锅盖或是加入少量的水烙。

面皮：中筋面粉 350 克、热水 190 ~ 200 克（可做 20 个）

内馅：韭菜 300 克、虾皮 30 克、鸡精 1 茶匙、香油适量

做法

1. 主材料备好。

2. 不锈钢盆中倒入面粉，再倒入开水烫面粉（温度在 80℃以上）。

3. 用筷子将面粉搅拌成絮状再倒入面包机中。

4. 启动面包机的和面程序，搅拌 5 分钟让面粉成团（如果没有面包机，可用手将面粉揉成面团，不需要揉至光滑）。

5. 盖上保鲜膜醒 10 ~ 15 分钟。

6. 锅下油烧热，调小火将浸泡过并沥干水分的虾皮炒至微黄。

7. 韭菜洗净沥干水分，切成细末。

8. 放入盆中，倒入香油拌匀（这样韭菜不易出水）。

9 炒好的虾皮倒入盆中，撒点鸡精拌匀（不吃鸡精可以不放，稍加点盐）。

10 案板上撒上干粉，将醒好的面团揉圆。

11 切开两半，将其中一半搓成长面剂子（另一块面团放到盆里，加锅盖或保鲜膜以免变干）。

12 再切成相同大小的小面团剂子（10个）。

13 取一个小面团剂子，用手压扁，左手旋转面团，右手压着擀面杖，将面团擀成中间厚四周薄的椭圆形面皮。

14 将适量的馅料放在面皮上。

15 将面皮两个边对折，中间包实，从右向左捏实面皮口。

16 右手食指顶着面皮，用拇指从右向左将面皮口捏成向日葵花边。

17 陶瓷锅刷上香油，油烧至微热。

18 调中小火，放入包好的韭菜盒子生坯。

19 当韭菜盒子生坯一面烙成金黄色后，再翻面烙另一面。

20 然后调小火，再重复烙两次即可。

有朋自远方来，不亦乐乎！不知从何时开始，突然厌倦了在喧嚣的食肆里宴客，向往着在家中聚会时轻松自在的氛围。用心选定朋友喜欢的味道，亲自下厨，表达着一种诚挚与亲近，体贴而温暖。几碟小菜，几盅薄酒，仿佛那旧日快乐的时光，从来不曾远去，孩趣往事，欢声笑语，弥漫在快乐的小屋。我们可以老去，但其乐融融的家庭氛围，以及恒久未变的友谊，是我们一生中永远珍视的情义。

客似故人来

华丽宴客菜

19/ 蓝莓果酱烤澳洲羊腿

黑暗料理的口感新体验

澳洲羊腿？蓝莓果酱？貌似有点黑暗料理，但转换一下思路却带来一种新的体验。烤制过后的羊腿鲜嫩略带焦香，配上蓝莓果酱的醇厚果香，撒上一层碎坚果粒，减轻了烤羊肉的腻感，使味道变得丰富而有层次，带来的口感绝对令人惊喜。亲朋好友聚会时做上一份，一定会让大伙赞叹不已。

糖 的 厨 房 解 密

粤式烤肉的两种特殊腌料：粘米粉和白酒。

这次的烤羊腿采用粤式手法来烹饪，先介绍一下粤式烤肉需要用到的两种特殊腌料。

••• 粘米粉。粘米粉是广东的特产，是用大米磨制的粉，像广东出名的小吃肠粉、萝卜糕、芋头糕等都要用到它，用粘米粉来腌制烤肉，能让肉变得外酥内滑。

••• 高浓度清香型白酒。我用了红星二锅头，用高浓度清香型白酒来腌制烤肉，会让烤肉的味道更香浓。千万不要用米酒或花雕酒来腌制，这样会掩盖羊肉的香味。

其实家庭烹饪大型烤肉并不复杂，只要你对食材有一定的了解，掌握一些基本的窍门就能胜任。

主料：澳洲带骨羊后腿 1 只

腌料：洋葱 1/2 个、葱 1 根、香菜 1 根、姜 4 片、蒜 1 个、粘米粉 1 汤匙、生粉 1 茶匙、糖 1 茶匙、生抽 3 汤匙、二锅头 1 汤匙

配料：蓝莓 8 个、圣女果 1 个、土豆 1 个、苦菊 1 棵、杏仁 8 粒

调料：蓝莓酱 3 汤匙、温水 1 汤匙

做法

1. 把澳洲羊腿从冰箱冷冻室移至冷藏室进行自然解冻（需要一天时间）。

2. 用厨房纸擦掉羊腿表面的水分，接着把表面的筋膜切去，多余的肉块也切去，整理好形状。

3. 用刀尖刺羊腿，切断筋膜。

4. 将蒜去皮剁碎，用油炒成蒜香粒。

⑤ 备好洋葱、葱、香菜、姜、蒜香粒。

⑥ 备好粘米粉、生粉、糖、生抽、二锅头。

⑦ 将洋葱、葱、香菜、姜切碎，与蒜香粒混合，粘米粉、生粉、糖、生抽、二锅头拌匀。

⑧ 澳洲羊腿放入保鲜袋，然后倒入腌料，用手抹匀。

⑨ 系紧保鲜袋，放入冰箱腌制一晚。

⑩ 备好蓝莓、圣女果、土豆、苦菊。

⑪ 苦菊洗净沥干水分，圣女果顶部切十字刀花做成花朵状，土豆用模具切成长条，泡入淡盐水中浸5分钟，然后用厨房纸擦干表面水分。

⑫ 备好新鲜蓝莓，蓝莓酱加入温水调配好。

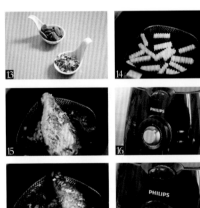

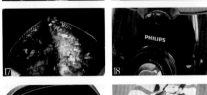

⑬ 杏仁用擀面杖压碎备好。

⑭ 空气炸锅调至180℃，预热5分钟，然后把土豆条放入炸篮，设置时间10分钟，之后拿出摇晃，再放入设置时间5分钟即可拿出。

⑮ 把腌好的澳洲羊腿放入空气炸锅（由于刚炸过土豆条就不需要预热，如果是刚开的炸锅，那就需要调至160℃预热3分钟）。

⑯ 关好空气炸锅，调到160℃烹饪10分钟。

⑰ 观察羊腿还需要烹饪的时间，时刻观察羊腿是否熟透。

⑱ 温度上调到200℃，再烹制10分钟即可（可用刀尖穿刺羊腿，这样能看出羊腿否熟透，如果还能流出血水汁，那说明羊肉还没有熟）。

⑲ 将蓝莓酱淋到烤制好的羊腿上，关上炸锅焖5分钟，让羊肉吸收果酱的味道。

⑳ 圣女果、苦菊、新鲜蓝莓、薯条摆入盘里，拿出羊腿再淋上蓝莓汁，撒上杏仁碎即可享用。

糖之心语

一般红肉的烤法都是从低温再到高温，这样烤出来的肉类才能外香内滑。

20/ 黑椒风琴土豆

给平凡土豆穿上华衣

平凡不起眼的土豆，是大家钟爱的食物，花点巧心思，给土豆换个风琴的造型，用烟肉为它制作华丽的衣裳，再撒上黑胡椒粒，增添迷人的芬芳，让普普通通的土豆在家宴上变得别样诱人。

主料：土豆 2 个、加拿大风味烟肉 1 个
调料：黑胡椒粒适量、盐 1 茶匙、油适量

做法

1 材料备好。

2 土豆洗净去皮，切成 0.5 厘米厚的片。底部不要切断，切的时候可在底部垫两根筷子。

3 两个土豆依次切好。

4 锡纸亚光面朝上，包好土豆。放入烤箱中层，上下火，250℃，30 分钟左右（具体时间要根据自家的烤箱，烤差不多的时候可以捏一下，感觉土豆变软即可）。

5 把烟肉切成 0.5 厘米厚的片，加入研磨好的黑胡椒粒、盐和油拌匀。

6 把拌匀的烟肉夹入每片土豆间，表面刷一层薄薄的油，再撒入研磨好的黑胡椒粒。

7 8 重新入烤箱，200℃，10 分钟。烤好的黑椒风琴土豆即可开吃。

21 蒜香纸包骨

掀开一层"纱"的肉骨飘香

酒店的招牌菜，总是让跃跃欲试的我们望而却步，其实只要愿意尝试，就会发现它并没有想象中那么复杂。掀开透明的玻璃纸，排骨的香味弥漫整间屋，撒上的金蒜粒格外诱人，一口咬下去，汁多肉嫩，夹杂着浓浓的蒜香味，香到无法形容。当友人大赞你的厨艺时，你就会觉得一切辛苦都是值得的。

主料：肋排 500 克、玻璃纸 2 张
配料：大蒜 1 个、木瓜汁 500 毫升、花生芝麻酱 2 汤匙、COOK100 蒜香烧烤酱 30 克
配饰：小堂菜头 2 棵

 厨 房 解 密

你只需要掌握 3 个小妙招，就能做出汁多肉嫩的排骨：

1. 排骨用清水慢慢冲洗约 15 分钟，再泡在清水中 30 分钟，可以去除血水和腥味，肉质也会变得更松软。

2. 用木瓜汁腌制会让肉质松嫩。木瓜中有木瓜蛋白酶，是天然的松肉剂，可以让肉质更为嫩滑。

3. 腌好的排骨需包上玻璃纸过油炸，玻璃纸可以让油不入内、汁不外流，锁住排骨水分，使肉质更香嫩细滑。

做法

1. 主料备好。

2. 排骨洗净后，用清水浸泡半小时，泡出血水。

3. 将木瓜汁倒入排骨中腌制1小时，中途可以翻翻身。

4. 将排骨冲洗干净，再用厨房纸吸干水分。

5. 将蒜香烧烤酱和花生芝麻酱（提香）倒入排骨中，腌制3小时。

6 7 8. 蒜剁成蓉，锅下油中火烧微热，倒入蒜蓉，改小火炒成金黄色后沥干油分放入碟中。

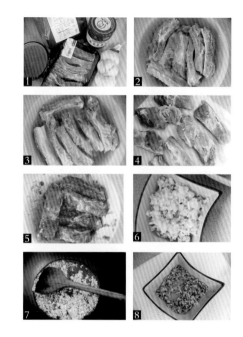

9. 腌好的排骨放在裁剪好的玻璃纸上。

10. 以对角包裹的方式包好排骨。

11. 干锅下油烧至油温五成热时（冒泡），放入排骨炸约10秒，然后改用小火炸至排骨浮在油面上（大约5分钟）。

12. 再用高温热油复炸一次。

13. 把炸好的排骨放在厨房吸油纸上吸去多余的油。

14. 打开玻璃纸，撒上金蒜蓉即可开吃。

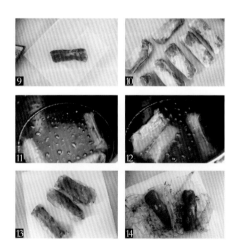

22 / 糖醋里脊　绝对拉风的镇桌菜

盘点老外最爱的十道中国菜，名列前茅的就是这道糖醋里脊。一盘色泽红亮、酸甜味美、外酥里嫩的糖醋里脊，的确是既养眼又上得了台面，难怪全世界的男女老少都爱它。还不赶快来试试，让它也成为你家宴客的镇桌菜，看这精致的摆盘，端上桌时绝对拉风。

糖 的 厨 房 解 密

要做好糖醋里脊必须掌握的4个要点：

••• 腌制：腌制里脊肉的时候要加点二锅头，二锅头属高浓度纯香型白酒，用来腌制炸肉，能让炸肉味道更香浓，同时也助于去除肉腥味；加入蛋清起嫩滑作用，同时也助于浆裹得更均匀。腌制里脊肉的时间不宜过长，掌握在半小时内，时间太长肉会过咸。

••• 裹浆：裹浆的方法有好几种，我觉得下面这种方法比较容易上手，而且裹得比较均匀。将生粉倒入大碗中，里脊条依次放入均匀地裹上生粉。裹浆可以单独用淀粉，也可用等比例的面粉与淀粉，面粉多了更焦香厚重，淀粉多了更薄脆，看个人喜好了。

••• 炸里脊条：大火将油烧至五六成热，转中小火，将肉条逐块放入，炸至肉条浮在油面上后捞出，大约需1分钟时间，一定要逐块放入，不然容易粘在一起。炸完后将锅里的油开大火继续加热至油温七八成热时，倒入肉条复炸至金黄色，这样炸出来的里脊才会外酥内嫩。

如何辨别油温：油温五六成热，油面泡泡基本消失，搅动时有响声，有少量的青烟从锅四周向锅中间翻动。这时炸肉能使酥皮增香，原料也不易碎烂。下料后，水分明显蒸发，蛋白质凝固加快；油温七八成热，油面平静，搅动时有响声，冒青烟。这时炸肉能脆皮和凝结原料表面，使原料不易碎烂。下料时见水即爆，水分蒸发迅速，原料容易脆化。

••• 糖醋汁：糖醋汁烹制的顺序是：先爆香蒜粒，再倒入番茄沙司和糖，搅拌至糖醋汁变红，然后倒入熟芝麻和白醋，搅拌至糖醋汁变浓稠发红，显鱼眼大泡时就可以了。糖醋汁的调配必须根据个人的口味，个人觉得番茄沙司、糖、白醋的比例2:1:1刚好，如果喜欢甜一点，可以少放一些醋，反之可多加点醋。番茄酱和番茄沙司的区别在于番茄酱是生的，而番茄沙司是熟的，如果采用番茄酱，那糖量要多加一些。

主　料：猪里脊300克

腌　料：盐1茶匙、鸡精1/2茶匙、蛋清1个、二锅头1/2汤匙

调　料：油适量

裹　糊：玉米生粉80克

糖醋汁：番茄沙司4汤匙、白醋2汤匙、砂糖2汤匙、蒜蓉1汤匙、熟芝麻1汤匙（生的也行）

装饰花：番茄1个、香菜1根

做 法

1. 将里脊切成小拇指状粗条，放入碗中，加入盐、鸡精、蛋清、二锅头抓匀后腌制10～15分钟（时间别太长，要不然会过咸）。

2. 准备好糖醋汁材料：蒜切成蓉，番茄沙司、砂糖、白醋备好。

3. 将生粉倒入大碗中，将里脊条依次放入均匀裹上生粉，拍掉多余的粉，放入另外的盘中。

4. 锅中倒入足量油，大火烧至六七成热后转中小火，将肉条逐块放入，炸至肉条浮在油面上捞出（约1分钟），炸完后将锅里的油开大火继续加热，油温八九成热时，倒入肉条复炸至金黄色。

5. 捞出沥干油分放在盘中。

6. 锅留底油烧热，调中火爆香蒜蓉（蒜别焦了，否则会发苦）。

7. 倒入番茄沙司和糖，用锅铲不停地搅拌。

8. 糖醋汁的颜色慢慢变红，这时倒入熟芝麻，淋入白醋，继续搅拌。

9. 搅拌至糖醋汁变浓稠发红，显鱼眼大泡。

10. 倒入炸好的里脊肉。

11. 快速翻拌让里脊肉均匀地挂上糖醋汁（这时可以淋点余油，出来的颜色更漂亮）。

12. 番茄玫瑰花放入碟中，然后放入两片香菜叶作为叶子，再把做好的糖醋里脊放入碟中，就可端上桌了。

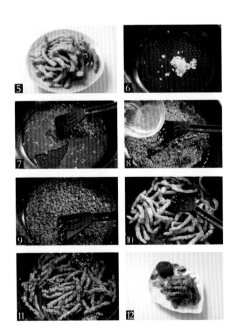

家宴升级

番茄玫瑰花

番茄玫瑰花可以说是最简单的盘饰了。

不但做法简单，还容易搭配菜式，能轻松地为你的菜式加分。

做 法

1 番茄洗净擦干，摘掉番茄蒂。

2 像削水果一样将西红柿削皮。

3 小心从皮的一端卷起，做成一朵花的形状。

4 轻轻地用牙签将番茄花朵固定，方便之后移动。

技巧要点：

- 削皮的时候最好保持统一的宽度，这样做好的花瓣才会漂亮。
- 最好削成一整条完整的皮，太短无法卷成一朵好看的花。
- 卷的时候力度要把握好，卷太紧花朵不好看，卷太松难以成型。
- 用牙签固定一是为了定型，二也方便移动，不用也可以。

23 清蒸笋鲈鱼

清蒸鱼的豪华待遇

用芦笋来蒸鲈鱼，可比一般的清蒸鱼更有风味，鲜、香、嫩、滑融为一体，绝对是一种豪华的味觉体验。尤其是宴客时有孕妈咪到来，做上这道清蒸笋鲈鱼，那可真是贴心呢！

 # 厨 房 解 密

鲈鱼肌肉、脂肪中的"脑黄金"DHA含量居所有鱼品之首。为了避免鱼肉中宝贵的DHA在食用时流失，必须注意合理的烹饪方法。DHA不耐高热，因此对于富含DHA的鱼类，建议采用清蒸或炖的烹饪方法，不建议油炸，因为油炸温度过高，会大大破坏宝贵的DHA。

蒸鱼的小窍门

••• 在鱼脊骨处切刀，可防止鱼蒸熟后由于鱼骨收缩而使鱼的整体变形，鱼脊骨处鱼肉较厚，这样亦可使鱼肉受热均匀。

••• 芦笋放在鱼身下，使鱼离开底盘架空，鱼身可全面遇热快速成熟，肉质更为滑嫩，芦笋裹上鱼汁也更美味。

••• 鱼腹内纳入姜丝和蒜，既可增加鱼肉鲜味又可撑起鱼腹，使蒸出的鱼形体饱满。

••• 一定要在蒸锅水开后，再将鱼入锅，1斤重的鱼大火蒸6～7分钟就可关火（鱼眼变白即可），关火后，利用锅内余温"虚蒸"5～8分钟后才能出锅，这样蒸出的鱼才更鲜嫩。

••• 鱼出锅后，另起锅烧明油，将烧热的明油浇在鱼身上，这样鱼味更香浓，明油最好用花生油。

蒸鱼时间

••• 500克以下的鱼，蒸锅下水烧开后，放入调好味的鱼蒸5～6分钟，虚蒸3～5分钟。

••• 500克以上的鱼，蒸锅下水烧开后，放入调好味的鱼蒸6～8分钟，虚蒸5～8分钟。

••• 如果你使用的加热工具火力不足，可适当延长时间，但最好不要超过10分钟。

主料：鲈鱼 600 克、芦笋 400 克、枸杞子 8 粒

调料：大葱 1 段、姜 3 片、蒜 3 个、盐 3 茶匙、鸡精 1 茶匙、蒸鱼酱油 1 汤匙、花生油适量

做法

1 材料备好。

2 大葱切丝泡入水中，姜切丝，蒜拍扁，枸杞子泡发好备用。

3 芦笋去老梗，洗净沥干水分。

4 切成适合的长段，码入盘中，均匀撒入 1 茶匙盐。

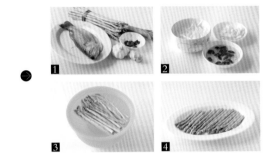

5 鲈鱼去内脏洗净沥干水分，将鱼脊骨处切开（防止蒸熟后变形）。

6 鱼腹内纳入姜丝和蒜，鱼肚里撒入盐，鱼身上均匀地抹上盐和鸡精，腌制 20 分钟。

7 锅放入清水烧开，将鱼放入，盖上锅盖，大火蒸 7 分钟（鱼眼变白即可）。

8 关火后，蒸好的鲈鱼身上放上葱丝和枸杞子，淋上酱油，盖上锅盖，虚蒸 5 分钟取出。

9 另起锅倒入花生油，烧至冒烟即可。

10 将烧热的明油淋在鱼身上即可食用。

糖之心语

大葱只是起到装饰作用，如果没有可用小葱代替。

24

话梅鸡翅

垂涎欲滴的黄金组合

话梅与鸡翅的组合，听起来就让人口水直流，

一道没有技术含量的宴客菜，超级适合厨房新手，

几乎没有失败的可能性，雅致的摆盘会让宾客眼前

一亮，也不用担心入锅时的手忙脚乱，味道还超级赞

呢。

主料：鸡翅 12 个、话梅 15 粒

调料：姜 10 片、花雕酒 1 汤匙、红烧酱油 2 汤匙、冰糖 5 粒、油少许

装饰：小棠菜花 2 颗、盐 1 茶匙

做法

1 材料备好。

2 鸡翅洗净沥干水分，用牙签在鸡翅的表面扎一些小孔，话梅用开水浸泡一会儿，姜片备好。

3 将塔吉锅放在煤气炉上，调小火，锅内刷入少许油，爆香姜片。

4 放入鸡翅煎至表皮变黄。

5 鸡翅煎好之后，淋入花雕酒。

6 倒入浸泡好的话梅和话梅水。

7 再倒入红烧酱油，放入冰糖。

8 盖上塔吉锅的盖子，焖 15 分钟。

9 中途开盖翻一次鸡翅（约在焖 5 分钟时），使其上色更均匀。

10 15 分钟后关火，再焖 2 分钟。

11 锅里放入清水，加入 1 茶匙盐，烧开后将小棠菜花放入焯水，煮熟后捞出沥干水分待用。

12 将鸡翅围圆码入锅里，话梅放在鸡翅之间，小棠菜花放在中间即可上桌。

糖之心语

1. 用牙签在鸡翅的表面扎一些小孔可以使其更容易入味。

2. 煎鸡翅的时候淋入花雕酒，能提香去腥，如果喜欢鸡翅焦香的口感，可再煎透一些。

3. 话梅要选择酸甜味的，要提前浸泡一会儿，这样焖的时候才更容易出味。

4. 焖鸡翅不需要放盐，因为话梅和生抽都有盐味。如果没有红烧酱油可以用 2 汤匙生抽和 0.5 汤匙老抽代替。没冰糖可以用白糖来代替。如果用其他砂锅烹制，水要多放一些。

5. 小棠菜花焯水要加盐，防止菜色变黄。

家 宴升级

小棠菜花朵

普通的小棠菜，经过随意的修剪，与菜式搭配，立马呈现出了不一样的风情。

1 小棠菜用清水冲洗干净，放入淡盐水中浸泡 10 分钟，捞出沥干水分。

2 将小棠菜头在适当的位置切开。

3 用厨房剪刀将每片叶子修成尖角状。

4 修整好的小棠菜花。

25／玉米笋烩鸡柳 菜鸟也变成行家

这是一道既拿得出手又制作简单的家宴菜，很适合厨房菜鸟。鸡肉和玉米笋搭配在一起，清淡又滑嫩，再加上红黄彩椒的友情出演，味道和卖相都特别好，而且成功率也相当高啊！

主料：玉米笋 250 克、鸡胸肉 300 克、黄红椒各 50 克

配料：李锦记豉油鸡汁 2 汤匙、生粉 1 茶匙、鸡精 1 茶匙、盐 1 茶匙半、
　　　油 3 汤匙、姜 10 克、蒜 10 克

做法

1. 主料备好。

2. 姜切成丝，鸡胸肉洗净切成鸡柳，倒入豉油鸡
   汁 1 汤匙、油 1 汤匙、盐 1/2 茶匙、生粉 1 茶匙，
   最后撒入姜丝拌匀，腌制 10 分钟。

3. 玉米笋洗净，对半切开，然后切成相同长短的
   段，黄红椒切成丝，蒜剁碎备用。

4. 锅下清水烧开后放入玉米笋焯水。

5. 将玉米笋捞出过冷河，沥干水分备用。

6. 另起锅下油爆香蒜粒和黄红椒丝。

7. 把拌好的鸡柳放入锅里，用筷子划散。

8. 加入玉米笋、1 汤匙豉油鸡汁翻炒均匀。

9. 加入鸡精 1 茶匙、盐 1 茶匙炒匀即可上盘。

10. 盘边放上盘饰，然后将炒好的玉米笋摆成花形，鸡
    柳和黄红椒丝放中间即可。

糖之心语

1. 玉米笋焯水的时间不易太长，微软即可。

2. 炒鸡柳的时候用筷子划散，这样肉易熟又嫩滑。

香柠柚子酱排骨

令人叫绝的酸甜滋味

当柠檬遇热油，酸酸甜甜的果糖溶入到排骨里，排骨外面却裹着香甜的柚子酱，由里而外散发着迷人的果香味，悄悄地把让人不悦的肉腥味都带走了。这道香柠柚子酱排骨，口感比一般排骨来得更加清爽，绝对能让宾客们食指大动。

营养 小贴士

用柠檬代替糖来炒糖色更为健康。如果家里有糖尿病人，不妨采用这方法，炒出的果糖还含有果香味，口感也比炒糖更有层次。

主料：肋排 400 克、柚子酱 2 汤匙、柠檬半个

配料：酱油 1 汤匙半、清水半碗、橄榄油 3 汤匙

做法

1 肋排、柠檬、柚子酱备好。

2 用清水慢慢冲洗出排骨中的血水，然后将排骨放
入开水里焯水，再用清水冲洗净排骨上的浮沫。

3 另起锅下水放入排骨炖煮 40 分钟。

4 排骨煮好后捞出，沥干水分待用。

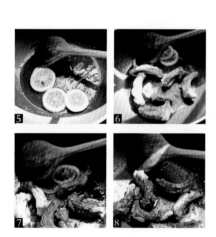

5 锅内倒入 2 汤匙橄榄油，放入柠檬片，拿锅铲
用力压出柠檬汁，小火炒出果糖。

6 倒入沥干水的排骨翻炒，并煎香两面。

7 倒入适量的水和酱油，煮至汤汁收干。

8 另起锅倒入 1 汤匙橄榄油，然后倒入柚子酱，
将排骨倒入翻炒均匀，让每根排骨都裹上柚子
酱即可。

糖之心语

1. 排骨要用清水慢慢冲洗出血水，此过程需 10 ～ 15 分钟。

2. 排骨焯水，可以去除排骨中的血水和腥味。

3. 炖煮排骨的水不要倒掉，可以用来做高汤。

4. 用橄榄油和柠檬来炒糖色更利于健康，但用柠檬炒糖色必须配合生抽微煮一会儿，这样排骨上
色才会更漂亮。

5. 如果家里有糖尿病人，就可以采用柠檬代替糖来炒糖色，口感比糖更丰富。

6. 用水果入菜更容易吸味，酱油要少放点。

27 / 泰酱鱼丁

孩子们追捧的美味菜肴

泰酱酸甜微辣的口感，让鱼丁的味道瞬间充盈起来，特别受孩子追捧，配上可爱的黄瓜桶盘饰，吸足孩子的目光。有小朋友的聚餐，端上这道菜，一会儿就被抢光，大家一定会对你的手艺刮目相看。

主料：龙利鱼 300 克、青红椒各 50 克、黄瓜 1 根

配料：泰式甜辣酱 3 汤匙、料酒 1 汤匙、生粉 1/2 汤匙、胡椒粉 1 茶匙、盐 2 茶匙、姜 25 克、鸡精 1 茶匙、
　　　油适量

做法

1. 材料备好。

2. 龙利鱼洗净切成鱼丁，放入姜碎粒、料酒 1
   汤匙、生粉 1/2 汤匙、胡椒粉 1 茶匙、盐 1
   茶匙拌匀，腌制 20 分钟。

3. 黄瓜去皮切丁，黄、红椒切成丁备好。

4. 锅内下油烧热，下鱼丁过油，沥干油分待用。

5. 6. 另起锅下油爆香泰式甜辣酱。

7. 倒入黄瓜丁和黄、红椒粒翻炒片刻。

8. 倒入过了油的鱼丁，微炒片刻。

9. 撒入盐和鸡精炒匀即可。

10. 用做好的黄瓜桶盘饰（做法见下页）装入少
    量泰酱鱼丁，放在盘子的一头，盘中盛入泰
    酱鱼丁，上桌开吃。

糖之心语

1. 龙利鱼最好自然解冻，否则口
感不好。

2. 炒鱼丁的时候要轻滑，不然容
易炒碎。

家 宴升级

黄瓜桶盘饰

宴请朋友时，用黄瓜做个小配饰，可爱、新奇又好玩，再配上缤纷的家常菜肴，会很受欢迎呢！

做法

1 取中间相同长短粗细的两段黄瓜，利用适当的工具把中间捣空（不要把底部也掏空了）。

 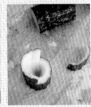

2 用刀对称切出桶把，然后把多余的部分去掉。

3 穿上牙签做桶柄，可爱、养眼的黄瓜桶就做出来了。

28 佛手观音莲 惊艳全场的高端大菜

形似莲花、观之动人，味觉、视觉、嗅觉的和谐搭配，堪称完美的"佛手观音莲"，亲戚朋友聚会时，用来招待大家，一定会惊艳全场！

主料：大白菜1棵、娃娃菜1棵、基围虾200克、鱼肉150克、火腿50克

辅料：高汤3碗、虾米20克、西蓝花1朵、咸蛋黄1个

调料：盐3茶匙、糖1/2茶匙、胡椒粉1/2茶匙、油1汤匙、姜10克、麻油1/2汤匙、生粉2汤匙

做法

1. 大白菜、娃娃菜、基围虾、鱼肉、火腿备好。

2. 高汤、虾米、西蓝花、咸蛋备好。

3. 虾去头、去壳、去虾肠，鱼肉去细骨，分别剁成肉糜备用。

4. 虾、鱼肉混合放在一个碗中，放入盐、糖、姜、胡椒粉、油、生粉和清水，用筷子按同一方向搅拌。

5. 咸蛋煮熟，西蓝花焯水并沥干水分。

6. 取出咸蛋黄捣成碎粒，西蓝花撕成碎粒备用。

7. 把泡发好的虾米放入高汤中煮开，调小火煮20分钟，放入1茶匙盐。

8. 火腿切成均匀长条，再切成相同大小段。

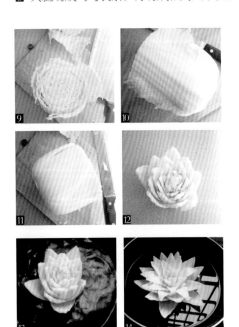

9. 娃娃菜去掉老叶，拦腰切开。

10. 用小刀尖从娃娃菜根部往上切。

11. 从外向里依次切成花瓣状。

12. 刻成莲花状。

13. 锅下水烧开后，放入1茶匙盐，将刻好的莲花白菜放入水中煮熟。

14. 莲花白菜煮软后，取出沥干水分。

15 大白菜梗洗净，切成 8~10 厘米长段。

16 另起锅下水烧开后，放入白菜梗煮至透明。

17 大白菜梗过凉后，用厨房纸吸干表面水分。

18 将大白菜梗折成 3 折。

19 在对折处均匀地切 5 刀。

20 将肉糜酿在白菜上，再盖上白菜。

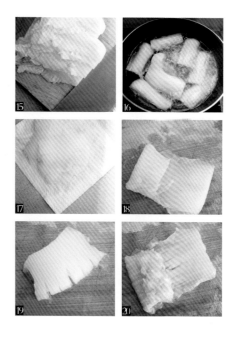

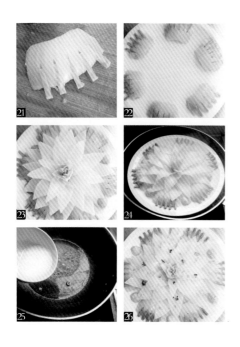

21 将切好的火腿插入 5 个切口处形成佛手状。

22 依次将做好的佛手白菜码入盘中。

23 将沥干水分的莲花白菜放在中间，淋入 1 汤匙高汤，用肉糜做好的丸子分别放在佛手白菜的中间。

24 锅下水烧开后，放入蒸制 8~10 分钟。

25 把滤出的汤汁倒入炒锅中，再加入 1 汤匙高汤，勾薄芡，淋入麻油。

26 把芡汁均匀地浇在佛手观音莲上，撒上西蓝花、咸蛋黄碎粒即可。

糖之心语

1. 肉馅可以根据自己的口味调配。

2. 娃娃菜切成莲花状一定要小心撑开，否则很容易折断。

3. 大白菜梗一定要煮至透明才容易折成佛手，否则易折断。

29 / 虾仁豆腐

美味酱汁成就小资范儿

有美味酱汁的菜式总是受人追捧，鲜香、酱香、辣香融为一体，增加了虾仁的鲜味，补足了豆腐的无味，雅致的摆盘带着浓浓的小资范儿，端上餐桌，必定会成为众人瞩目的焦点。

主料：北极虾300克、日本豆腐3条

调料1：XO酱2汤匙、沙茶酱2汤匙、辣椒油2汤匙

调料2：盐1茶匙、蛋清1/4个、料酒1茶匙、油适量

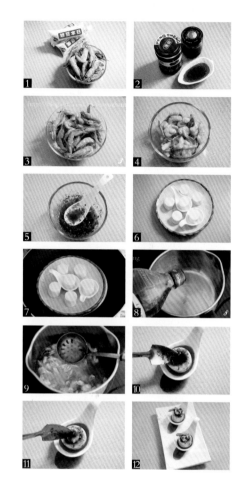

做法

1. 北极虾、日本豆腐备好。

2. XO 酱、沙茶酱、辣椒油备好。

3. 北极虾解冻洗净，沥干水分。

4. 去除北极虾的虾线及头壳（留尾），用蛋清、盐、料酒腌制 10 分钟。

5. 调料 1 中的三种调味汁调配在一起，比例是 2 ：2 ：2。

6. 将日本豆腐去包装，切成同样大小的六段。

7. 放入蒸锅里蒸 5 分钟，滤掉蒸出的水分。

8. 锅里倒入油烧热。

9. 将腌制好的虾仁过油。

10. 日本豆腐中间挖个孔，放入配制好的调味汁。

11. 放上虾仁，再淋上调味汁。

12. 摆上盘，用柠檬叶装饰一下即可。

糖之心语

1. 把北极虾从冰箱冷冻室取出，然后移至冷藏室进行自然解冻。不能用微波、泡水等方法来解冻，否则虾就不鲜甜了。

2. 日本豆腐可以先放到冰箱里冷藏 1 小时再切，这样不容易弄破。

3. 如果是新鲜的虾可以和豆腐一块蒸。

4. 酱汁的比例可以根据自己的口味调配，如果喜欢鲜味那就多放些 XO 酱，喜欢酱香味就多放些沙茶酱，嗜辣味就多加点辣椒油。

30 浇汁香煎鱿鱼

鱿鱼和叉烧酱碰撞的火花

鱿鱼和叉烧酱，会碰撞出什么样的火花？鱿鱼的嫩滑鲜甜，搭配香浓的酱汁和焦香的芝麻，再配上西蓝花做点缀，营养丰富，口感又相得益彰，烹饪时已有妙不可言的香味弥漫在厨房中，只待宾客来细细品尝。

主料：鱿鱼 500 克、西蓝花 300 克
配料：叉烧酱 3 汤匙、芝麻 20 克、红葱头 1 个、淀粉 2 茶匙、柠檬冰水适量、盐 2 茶匙、油少许

做法

1. 材料、配料备好。

2. 手执鱿鱼触须部分向上扯起，将鱿鱼胆等内脏一同拉出来，再取出眼珠脏物，将外面的红衣去掉洗净备用。

3. 西蓝花用盐水浸泡10分钟，再清洗干净备用。

4. 将芝麻放入铁锅内炒香盛出。

5. 锅下水烧开后，放入鱿鱼焯水，待鱿鱼须卷曲、鱼身微隆起即可。

6. 鱿鱼用自来水冲凉后，放入柠檬冰水里浸泡5分钟，用厨房纸吸干水分备用。

7. 红葱头切碎，水淀粉、熟芝麻、叉烧酱备好。

8. 铁锅里下油爆香红葱头。

9. 放入吸干水分的鱿鱼，慢火煎香。

10. 煎至一面微黄翻身煎另一面，煎好后盛出。

11. 另起锅把水烧开，加入1滴油和1茶匙盐后放入西蓝花焯水。

12. 焯过水的西蓝花用凉开水冲凉后，放入柠檬冰水里浸泡5分钟，沥干水分备用。

13. 另起锅烧热，放入油和叉烧酱炒香，然后倒入水淀粉烧至微开即可。

14. 将鱿鱼切段放入盘中，西蓝花分别摆在两侧，淋上叉烧酱汁，再撒上熟芝麻即可端上桌。

糖之心语

1. 鱿鱼焯水至须卷曲、鱼身微隆起即可。

2. 煎鱿鱼之前一定要吸干鱿鱼表面的水分，要不然会溅油。

3. 鱿鱼过冷河后，放入柠檬冰水里浸泡，可以让鱿鱼的口感更爽滑。

4. 如果喜欢鱿鱼焦脆的口感，可以适当延长慢火煎制的时间。

5. 西蓝花焯水的时候，加入1滴油和1茶匙盐，然后在柠檬冰水里浸泡5分钟，这样能让西蓝花保持翠绿的颜色。

31 / 鲍鱼捞饭

当米饭邂逅鲍鱼，会碰撞出怎样的豪华美味？试试就知道喽，那可是停不了的节奏哦，不但会爱上"鲍鱼"，还会爱上"捞饭"！是不是很期待呢？聚会时就给大家露一手吧，成功率相当高呢！

主料：小鲍鱼6个、小棠菜4棵、泰国香米饭1碗、
　　　熟黑芝麻少许
调料：油几滴、花雕酒1茶匙、盐1茶匙半
调料汁：蚝油1汤匙、鱼露1汤匙、老抽1/3汤匙、
　　　糖1茶匙、高汤1碗、淀粉1茶匙

糖的 厨 房 解 密

鲍鱼如何选购

●●● 先看鲍鱼外形是否完整无缺，有缺口或背部有裂痕的为次，底部肥阔及背部凸起而肉厚的为佳。

鲍鱼的清洗方法

●●● 用牙刷将鲍鱼两侧的黑膜及外壳刷洗干净，用不锈钢勺子从鲍鱼一侧的壳边往下一铲（不要平着铲，一定要往下铲），即可挖出鲍鱼肉，翻过来把内脏去掉，冲洗干净，再把两面刷干净即可。

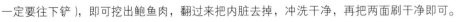

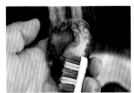   

鲍鱼的清洗方法

做 法

1. 小鲍鱼取出，去除内脏清洗干净，表面像切鱿鱼花一样打上三分之二深花刀（千万别切断）。

2. 小鲍鱼加入花雕酒和半茶匙盐腌一会儿。

3. 小棠菜洗净切两半备用。

4. 调料汁（蚝油、鱼露、老抽、糖、高汤、水淀粉）、米饭、熟黑芝麻备好。

5. 锅下水烧开，加入 1 茶匙盐和几滴油，放入小棠菜焯水。

6. 煮熟后捞出，过凉，放入凉开水中。

7. 8. 再将小鲍鱼放入开水中焯 5 秒，捞出。

9. 另起锅放入调料汁和小鲍鱼煮 4 分钟。

10. 淋入水淀粉。

11. 再煮 1 分钟即可捞出。

12. 盘子下层放入少量煮好的酱汁，上面盖上米饭，撒上熟黑芝麻，四周放上小鲍鱼和小棠菜，然后在小鲍鱼上淋入少量的酱汁，小棠菜上刷点明油，即可端上桌。

糖之心语

1. 鲍鱼加入花雕酒、盐腌制并焯水是为了去腥，但焯水的时间必须短，5 秒即可。

2. 小棠菜焯水时加入香油和盐，焯水后过凉，是为了保持它的翠绿色；装盘刷明油是为了好看，这步可省略。

3. 鲍鱼捞饭要做得味道鲜美、爽滑可口，最好用泰国香米。

4. 捞饭的芡汁既不能太稠也不能太稀，水淀粉的比例一定要掌控好。

5. 浓郁版本酱汁由蚝油、鱼露和高汤调配；鲜淡的可以直接用鲍鱼汁和高汤来调配，依据个人口味而定。

6. 鲍鱼和调料汁一起煮的时间不需要很长，3 ~ 5 分钟即可。

32 / 橙汁菊花玉子豆腐

视觉和嗅觉上的美好享受

栩栩如生的"菊花玉子豆腐",外层酥脆,内层嫩滑,淋上酸酸甜甜的橙汁,散发出诱人的馥香,客人在尚未品尝之前,便已从视觉和嗅觉上得到了美好的享受。

 厨 房 解 密

把 玉子豆腐做成菊花状并不是难事，只要掌握 4 点小技巧，相信你也可以做到，还等什么，
赶快行动吧。

• • • 切玉子豆腐的刀一定要锋利，否则玉子豆腐容易碎。

• • • 可以把玉子豆腐放入冰箱速冻仓里冻 1 个小时（以不结冰为宜），这样会让豆腐的内部组织
变得紧密，更容易切。

• • • 切菊花刀时一定要一气呵成，不能中途停顿，要不然容易功亏一篑。

• • • 把切好的菊花豆腐放入油锅里炸时，一定要小心轻放，等炸至底部定型时，用筷子把菊花
豆腐慢慢向外拨散形成菊花状，再炸至外酥里嫩即可。

主料：玉子豆腐 3 条、橙子 2 个、柠檬汁少许、白糖 1～2 茶匙

做法

1. 材料备好。

2. 玉子豆腐去包装，一分为四。

3. 取中间两部分切成菊花刀（十字交叉，底部相连）。

4. 切好后摆入盘中（切好一个摆一个）。

5. 铁锅内下油烧至油温五成热时（冒泡），把切好菊花刀的豆腐放入油锅里。

6. 炸至底部定型时，用筷子把菊花豆腐向外慢慢拨散，形成菊花状。

7. 把炸好的菊花豆腐放入碟中，整理好形状。

8. 橙子去皮去白膜，用手捏碎，淋入柠檬汁拌匀备好。

9. 把橙汁放入锅内，撒入适量白糖。

10. 煮至汤汁微起泡即可，然后把橙汁淋在菊花玉子豆腐上。

糖之心语

1. 切菊花刀的时候，底部相连的部分留得越少，花朵就能越盛开。

2. 橙子一定要去除白膜，否则会发苦。

3. 橙汁也可以用番茄汁代替。

4. 糖的量可以按自己的口味调配。

33 花开富贵
泰式风情的盛夏滋味

果香中透着蒜香，甜中带辣，酸甜可口，缤纷的色彩，让人开胃，非常适合炎热的夏天。在家中待客，不需远足，也能让客人品尝到泰式风情的盛夏滋味。

主料：绿豆粉丝100克、绿豆芽100克、韭菜花2两、胡萝卜1条、黄瓜1/2条、紫椰菜4片、金针菇2两

配料：柠檬2片、柠檬汁1~2滴、青椒1个、红椒5个、蒜5粒、李锦记泰式甜辣酱2汤匙、李锦记凉拌汁2汤匙、酱油1汤匙、陈醋1/2汤匙、芝麻油1/2汤匙、盐1茶匙、鸡精1茶匙、熟芝麻适量

做法

1. 蒜用压蒜器压成蓉待用。

2. 青、红椒切成小粒待用。

3. 柠檬片切成小粒待用。

4. 碗里放入李锦记泰式甜辣酱 2 汤匙、李锦记凉拌汁 2 汤匙、酱油 1 汤匙、陈醋 1/2 汤匙、芝麻油 1/2 汤匙、盐 1 茶匙、鸡精 1 茶匙和柠檬汁 1 ~ 2 滴。

5. 再把蒜蓉、青红椒粒、柠檬粒放入调料汁里，搅拌均匀待用。

6. 除了粉丝外，把其余的原料都洗净，再把绿豆芽去根，黄瓜、紫椰菜、胡萝卜切丝，韭菜花切成适当的段待用。

7. 锅下水烧开，依次把金针菇、绿豆芽、韭菜花、胡萝卜、紫椰菜焯水。

8. 把焯过水的菜都过冷河，沥干水分待用。

9 绿豆粉丝用开水泡开（这一步可以提前进行）。

10 锅另起水烧开后，放入绿豆粉丝汆烫，立刻捞起，注意速度要快。

11 粉丝过冷河后，放进准备好的柠檬冰水中浸泡。

12 把金针菇的根去掉，与其他菜一起整齐码入盘中。

13 绿豆粉丝沥干水分，用手指绕成圈，也码入盘中。

14 把柠檬粒点缀在粉丝上，将调料汁放在盘中央即可上桌，吃的时候可以撒些熟芝麻。

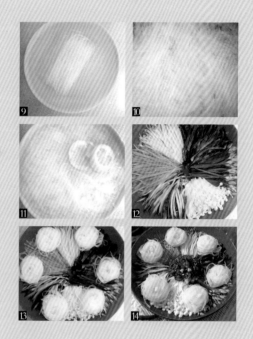

糖之心语

1. 调料汁的配制是依据本人的口味调制的，仅供参考，可以根据个人的饮食习惯进行调整。

2. 金针菇放入开水中汆烫 10 秒即可，时间长了会塞牙。

3. 金针菇装盘的时候再切去根，这样不容易散开，便于装盘。

4. 绿豆粉丝汆烫且泡过凉水后，就不容易结在一起，吃起来也比较爽口。

34／黑椒口蘑

见证奇迹的菜肴

　　看似清新，口感却是鲜香嫩滑，还带着黑椒特有的风味。更为神奇的是，口蘑经过小火焖煎，在凹处蒸满了汁液，味道更为鲜美。聚会时来上一碟，肯定比肉肉受欢迎，你们相不相信呢？

主料：口蘑250克、黄油1小块、盐适量、现磨黑椒粉适量

装饰：薄荷叶少许

做法

1 材料备好。

2 口蘑去蒂洗净，沥干水分（一定要沥
干水分哦，要不然会蒸出更多水）。

3 锅内放黄油，小火融化。

4 把蘑菇底朝上放入锅里。

5 盖上锅盖小火慢慢煎。

6 煎到口蘑凹处出汁即可。

7 撒入少量盐，磨入黑椒粉。

8 装盘时在凹处放薄荷叶做装饰。

糖之心语

1. 口蘑一定要沥干水分哦，要不然会蒸出更多水。

2. 如果觉得黑椒粉口味重，可以改为胡椒粉。

35／心心相印

中西合璧的年糕

　　西方浪漫元素融入中国传统食物——年糕里，
每一口都暗藏玄机，绝对能带给宾客不一样的惊喜。
甜蜜而浪漫的滋味，让人回味无穷。

主料：糯米粉 200 克、粘米粉 50 克、干玫瑰花 8 朵、清
　　　水 130 克、砂糖 15 克、糖桂花适量

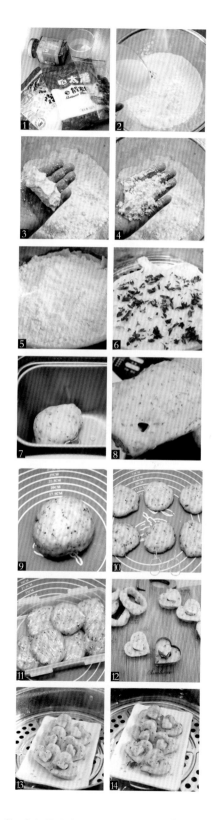

做法

1 材料备好。

2 糯米粉、粘米粉、砂糖放入不锈钢盆中，倒入清水。

3 4 搓成絮状，即手一抓能成团、一搓就碎开的湿度即可。

5 蒸锅架上铺上纱布，铺入拌好的湿粉，中火蒸 30 分钟。

6 粉蒸好后凉至不烫手时，两面撒上干玫瑰花瓣碎片。

7 把年糕放入面包机里，启动和面程序，让年糕搅拌上劲。
　 15 分钟后暂停面包机。

8 取一块年糕，手抹点油，慢慢将年糕拉开，年糕出膜即可。

9 拿出年糕团。

10 手里抹油，将年糕分成六份分别用手压扁。

11 分别用保鲜膜包住，放入保鲜盒内再放入冰箱，冷藏一晚。

12 用心形模具将年糕压出形状。

13 蒸锅下水沸腾后放入年糕，浇上糖桂花。

14 蒸 2 ～ 3 分钟把年糕蒸软即可。

糖之心语

1. 糯米粉和粘米粉的比例可自行调配，糯米粉多黏性大一些，粘米粉多米香味足一些，没有粘米粉的话也可以不用。

2. 每个牌子的糯米粉和粘米粉的吸水性不同，水量要根据情况调整。

3. 蒸粉时水量一定要足，湿粉一定要蒸透，否则搅拌的过程中会结块。

4. 出不出膜并不重要，口感一样劲道弹牙。

5. 年糕要用保鲜膜密封好，否则会开裂发霉；包好冷藏，保质期可长达 2 个月。

6. 这款年糕口感劲道弹牙，但非常粘手，最好用面包机或厨师机来揉面。

36 香酥糖果

云吞变形记

有小朋友的聚餐，做一盘香酥糖果，一口咬下去，外皮酥脆、内里香甜，绝对是一个接一个吃，停不了口的节奏。

主料：进口香蕉 3 条、云吞皮 20 张、炼奶适量、玉米油适量

做法

1. 材料备好。

2. 香蕉去皮，切成均匀的四段。

3. 每段对半开，再把四边修平。

4. 云吞皮中间部分刷上炼奶，再把香蕉段刷上炼奶，放在云吞皮中间。

5. 上下相叠包起，两边像糖果纸那样按相反方向拧几下，拧成糖果状。

6. 香蕉炼奶糖果依次做好，刷上玉米油。

7. 空气炸锅 180℃预热约 5 分钟，将刷上玉米油的香蕉炼奶糖果平铺入空气炸锅的炸篮里。

8. 设置时间 3 ~ 4 分钟，炸至表面金黄即可。

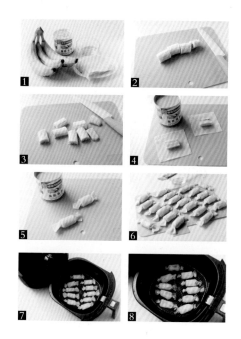

糖之心语

1. 没有空气炸锅可改用油炸或者烤箱烤制的方式，一样美味，烤箱烤制的时间要稍延长一些。

2. 香蕉炼奶糖果最好在热的时候吃，凉了皮会变硬。

3. 还可以咬一口"糖果"再蘸上炼奶吃，那真是超级美味哦。

友人们总会为夜晚的相聚找个理由，或是精彩的电影、球赛，或是找地喝酒聊天。在我对美食热情高涨的日子，总会自告奋勇，邀请他们来家里小聚。盛夏的夜晚，远处传来阵阵蝉鸣之声，天台上刮起了徐徐的凉风，从冰箱里取出冰好的啤酒，从锅里盛出早已卤好的鸭头，从烤箱拿出新鲜出炉的烤生蚝、烤鸡翅，制一桶香甜的爆米花或一袋松脆炒板栗，喝酒品味，畅谈人生。在酣畅淋漓的唇齿相交间，多少能抚慰一点生活中的小惆怅，在醒胃之时，亦觉得未来人生依然充满希望。

第三篇

精彩午夜场
疯狂零嘴和宵夜

37 / 爆米花

返璞归真的香甜滋味

爆米花总能勾起脑海里逐渐淡去的童年记忆。耳旁仿佛隐隐传来那久远的吆喝声，眼前仿佛出现小伙伴们手捧爆米花的幸福笑脸……如今，我们已长大，在相聚的那一刻，爆米花香甜的滋味，让我们吃出了纯真的友情。

主料：爆玉米 100 克、黄油 20 克、糖粉 30 克

做法

1. 材料备好。

2. 爆玉米用清水洗干净，晾干（也可以用厨房纸巾擦干表面的水分）。

3. 锅里放入黄油，黄油融化后关火。

4. 倒入爆玉米，用勺将爆玉米跟黄油拌均匀，尽量让每一粒玉米都裹上黄油。

5. 把玉米粒摊开平铺在锅底，盖上锅盖开火，一开始火开大些，一两分钟后，就可以看见一朵一朵玉米花跳起来。

6. 爆起来的花越来越多的时候，把火调小，颠锅防止粘底。

7. 等到基本上没什么花爆开的时候，打开锅盖倒入糖粉。

8. 翻拌均匀，微凉后即可开吃。

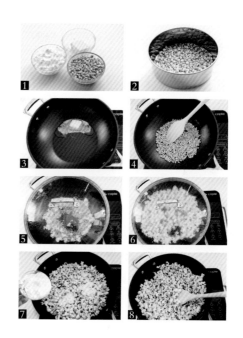

糖之心语

1. 爆米玉用清水洗干净，一定要晾干水分，如果没时间，用厨房纸巾擦干也行。

2. 黄油要多放一些，要不然爆出的玉米花口感会很柴，但不要超过 20 克，否则玉米吸收不了。

3. 爆起来的玉米花越来越多的时候，把火调小，颠锅防止粘底。

4. 爆米花最好用糖粉，细砂糖无法黏附到玉米上。

5. 刚出锅的爆米花非常烫手，不要用手去拿，以免烫伤。

38 / 糖烤栗子

令人向往的栗子飘香

秋栗飘香的时节，相聚时总爱烤上一炉栗子。饱满可爱的小个子，满屋飘荡的栗子香，还没出炉已令人向往。按捺不住剥开滚烫的栗壳，取出金黄色的栗肉，往嘴里一丢，胃里心间顿时温暖而舒坦，香甜软糯的滋味让人回味无穷。

主料：生栗子 500 克、蜂蜜适量、油少量

做法

1. 生栗子用清水洗净控干水分。
2. 用刀在栗子表皮切一个口（顺着栗子皮的纹理纵向切口，加热时容易张开）。
3. 加入少量油，用筷子拌匀。
4. 烤盘铺上锡纸，把沾了油的栗子码入烤盘，烤箱 200℃预热，中层，烘烤 30 分钟。
5. 烤至 20 分钟的时候，取出烤盘，均匀地刷上蜂蜜，在切口处多刷一些。
6. 再次入炉烤 10 分钟即可。

糖之心语

1. 用带锯齿的小刀比较好切，也不容易伤到手。
2. 栗子的刀口不易太深，也不易太短，太短的话，在烤制的过程中，不容易张口，容易爆裂，会吓你一跳。
3. 生栗子加入少量油搅拌，目的是防止入炉后烤糊。
4. 如果喜欢吃脆口的栗子，建议制作时将蜂蜜改为砂糖汁。

39/ 挂霜花生

相聚时不可或缺的美味

甜、香、酥、脆，多重口味的馋嘴花生，想想就很美味，相聚时又怎么可以少了它呢？

主料：红皮花生 120 克、淀粉 40 克、清水 50 克、白砂糖 50 克

做法

1. 材料备好。

2. 平底锅干炒花生，用小火慢慢炒香，中间不断地颠锅，使其受热均匀。

3. 待听到花生衣有"噼啪"裂开的声音且闻到明显的花生香味时，关火，盛出放一旁备用。

4. 锅里倒入清水和白砂糖，小火加热，并不停地用锅铲搅拌。

5. 白糖和水慢慢融化，继而产生很多泡泡。

6. 用锅铲蘸蘸糖浆，如能拉出丝来，便将炒香的花生倒入，在糖浆中搅拌均匀。

7. 用筛网筛入淀粉，继续迅速地搅拌。

8. 待花生表面都裹满糖霜，且明显能感觉到变得干脆的时候，关火盛出。

糖之心语

筛入淀粉时要迅速地搅拌，这样裹的糖霜才多。

40 鸡汁土豆泥
无法错过的洋小食

"小清新的外表，丰富的内涵"，用来形容"鸡汁土豆泥"，那是再贴切不过了。鲜香糯滑的土豆泥，融入了奶香和黑椒香，滋味绝妙，恨不得连舌头一起吞下。这款 KFC 的人气洋小食，作为小聚时的小点心，怎么可以错过呢？

主料：土豆1个（约600克）

配料：鸡汁高汤20克、牛奶20克、黄油10克、现磨黑胡椒粉1茶匙、凉开水1汤匙

做法

1 准备好材料。

2 土豆洗净表皮的泥土，然后连皮放入锅中，煮软
　 至筷子能很轻松插入。

3 将土豆去皮，用勺子压成块。

4 分别将土豆块放入料理机中。

5 依次搅打成土豆泥。

6 将土豆泥倒入碗中,这时的土豆泥变得非常细腻。

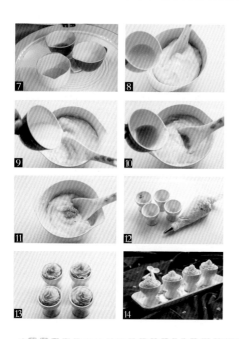

7 鸡汁高汤加入1汤匙凉开水拌匀，将黄油、鸡
　 汁高汤、牛奶放入微波炉里高火叮30秒。

8 将融化的黄油倒入土豆泥中拌匀，让土豆泥充
　 分地吸收。

9 倒入热牛奶拌匀。

10 倒入鸡汁高汤，再次拌匀。

11 倒入现磨黑胡椒粉拌匀。

12 土豆泥装入裱花袋中。

13 用裱花袋将土豆泥挤入容器中。

14 鸡汁土豆泥就做好了，可以开动啦。

糖之心语

1. 土豆一定要煮软，这样才容易把土豆泥搅打得更细滑。

2. 鸡汁高汤里有盐，所以不用再加盐，如果是自己熬制的鸡汁就需要加盐。

3. 土豆泥的浓稠程度可以根据个人喜好增减牛奶。

4. 裱花袋挤土豆泥只是为了美观，没有裱花袋的话，可以直接将土豆泥盛在容器里。

41 香辣牛肉干
难以忘怀的麻辣鲜香

说到牛肉干，绝对是狂欢夜必不可少的占嘴零食，还在面包机里嗞嗞作响时，大伙就已经无比期待了。麻辣鲜香，嚼劲十足，那绝妙滋味一吃就难以忘怀。无论做小吃还是配小酒，都非常过瘾。

主料：新鲜牛肉 500 克

调料：酱油 3 汤匙、油 2 汤匙、糖 2 茶匙、盐 4 茶匙、料酒 1 茶匙、姜粒 20 克、八角 1 个、香叶 1 片、花椒 10 粒、干辣椒 10 个

调味粉：孜然粉适量、辣椒粉适量

做法

1. 新鲜牛肉洗净切成约两厘米大小的方块。
2. 花椒、干辣椒段小火炒香。
3. 将其余的调料放入锅里加热，搅拌均匀煮 3 分钟离火，放凉备用。
4. 将放凉后的调味汁倒入牛肉块里翻拌均匀，腌制 1 小时或更长时间让牛肉充分入味，这时可按个人口味加入适量孜然粉、辣椒粉、咖喱粉或五香粉一起拌匀，也可以选择在后面翻炒结束前放入。

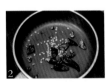
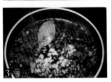

5 腌好的牛肉放面包机桶里，按程序"18"烘烤／炖／煮，烧色选深色，炖煮 1 小时。

6 中途用筷子翻一下牛肉，让牛肉受热均匀，更加入味。

7 煮的时间要根据牛肉的量和软硬程度做适当的调整，或缩短或延长，这次我煮了 1 个小时。

8 程序结束后，把面包桶拿出，将牛肉连同汁倒在过滤网里，让肉与汤汁分离，这样到后面翻炒时牛肉就容易炒干（汁可以留着拌面条吃，味道特赞）。

9 将牛肉粒放回面包桶里，再放入面包机。

10 按程序"17"翻炒 30 分钟（可根据牛肉的干湿度缩短或延长时间）。

11 程序结束前的 5 分钟，撒入孜然粉、辣椒粉，翻炒均匀。

12 翻炒的时间可根据牛肉粒干爽和软硬程度做适当调整，千万不要炒太干，表面没水分即可，凉后会更干爽，也更有嚼劲。

糖之心语

1. 牛肉一定要选择新鲜的嫩牛肉（用来炒的牛肉）。

2. 酱汁可以调多一些，酱汁太少面包机桶内壁容易出现烧糊的痕迹。

3. 加热是为了让调料更香，嫌麻烦的可以省略这步，直接把调料放入牛肉里。

4. 牛肉不要煮太久，否则后面翻炒时容易散开，大约 1 个小时就够了。

5. 翻炒时间要看牛肉的量和个人喜欢牛肉干的软硬程度来决定，时间不够吃起来像炖牛肉，时间太久又会柴。喜欢嫩点好嚼的选择翻炒程序"17"翻炒 30 分钟也差不多了，凉后再吃也很有嚼劲；喜欢干点更有嚼劲的可考虑延长翻炒时间，注意不要炒太干就可。

6. 根据个人口味放入熟芝麻、咖喱粉、孜然粉、辣椒粉等，放入后翻炒均匀即可。

7. 没有面包机的话，可用炒锅来制作，也是先煮后炒，方法类似。

42 / 孜然椒盐小土豆

停不下来的狠角色

又是一款小聚时磨牙的馋嘴零食。煎得金黄、外皮焦脆、内里粉绵的小土豆，裹上香浓的复合味道，那是相当的和谐，比肉肉还好吃呢！再配上一杯啤酒，也是让人一口接一口停不下来的狠角色。

主料：小土豆 500 克、指天椒 3 粒、湖南青椒 2 个

调料：大蒜 4 粒、孜然适量、辣椒粉适量、椒盐粉适量、盐焗鸡粉适量、油适量

糖的 厨房解密

土豆含有类似味精的谷氨酸钠成分，哪怕是用清水煮熟也会很鲜美。但合理的烹饪手法，巧妙的调味料运用，却能产生豪华的美味，哪怕是新手厨娘，也能轻松打造这道下酒菜。

• • • 煎土豆的时候要用小火，将土豆煎至表皮金黄带脆后再放点蒜蓉。蒜香和土豆的鲜香混杂在一起，美味升级。

• • • 加入三种辣椒：指天椒、青椒、辣椒粉，可以产生三种层次的辣味。

• • • 孜然特殊的芳香味，混杂着土豆的香味，总能勾起无限的食欲，喜欢吃浓郁孜然味的，可改为孜然粉。

• • • 椒盐粉和盐焗鸡粉的混合，酒店级的配搭，产生别样的风味；盐焗鸡粉的量只需椒盐粉的四分之一就可以了。

做法

1. 锅下水，将表皮洗净的小土豆放入煮熟。

2. 煮至用筷子能轻易插入较大的土豆为止。

3. 将煮熟的小土豆冷水冲凉，用手一捏去掉表皮；蒜拍成蒜蓉；指天椒、青椒切薄圈备好。

4. 锅下油烧热，放入一半的蒜蓉爆香，再放入小土豆。

5. 用锅铲压扁小土豆，小火将小土豆煎至两面金黄、表皮带脆即可。

6. 另起锅下油，爆香余下的蒜蓉和一半指天椒圈。

7. 倒入煎香的小土豆。

8. 调小火，撒入辣椒粉。

9. 放入孜然，继续翻炒。

10. 11. 撒入椒盐粉和盐焗鸡粉，翻炒均匀。

12. 倒入余下的指天椒圈和青椒圈，翻炒片刻即可装盘。

糖之心语

1. 如果买不到小土豆，可以用大一点的土豆代替，将土豆压成小块即可。

2. 煎小土豆的时候要小火慢煎，最好煎至外皮焦脆，内里粉绵。

3. 调味料根据个人的口味添加，也可以加入黑椒粒，风味别具一格。

4. 我为了拍照好看，小土豆没弄得太碎，如果自家吃，弄碎一些更入味。

43

麻辣鸭头
过瘾畅快的占嘴零食

麻辣鸭头，盛夏夜晚深受大伙喜爱的占嘴零食，又麻又辣，又香又鲜，这种魂牵梦萦、层次感十足的滋味让人欲罢不能。大伙越啃越畅快，越啃越过瘾，不一会儿盘子便见底。

 厨房解密

麻辣鸭头的做法非常简单，但想做出好吃的"麻辣鸭头"，还必须掌握以下4道工序：

●●● 焯水：将鸭头放入有姜片和米酒的滚水中焯水，再用清水冲洗净表面的浮沫，能去除鸭腥味。

●●● 卤水：卤水要先煮好。因为麻辣鸭头的口感讲究丝丝入味，而且还带点嚼劲，煮的时间过短味道就进不去（比如鸭头和卤水一起煮制），但如果在卤水里煮太久，鸭头又容易烂，口感不好，所以卤水需事先煮好。

●●● 卤制：卤制鸭头时，要大火煮滚后转小火煮 1 个小时，不可低于 40 分钟或超过 1 个小时。

●●● 浸泡：卤好的鸭头要浸泡在卤水中 2 个小时或更长的时间才能入味，我浸泡了一个晚上。

主料：鸭头 750 克、广东米酒 1 汤匙

调料：辣椒粉 4 汤匙、花椒粉 4 汤匙、干辣椒 20 个、花椒 20 粒、麻椒 20 粒、郫县豆瓣酱 4 汤匙、八角 2 个、桂片 1 段、草果 1 个、甘草 5 片、罗汉果 1 小块、丁香 3 个、小茴香 1 把、香叶 4 片、陈皮 1 片、肉蔻 1 粒、豆蔻 4 粒、老抽 1~2 汤匙、生抽 2~3 汤匙、盐 1~2 茶匙、糖 1~2 汤匙、姜 10 片、蒜 1 个

做法

1. 鸭头去毛清洗干净待用。

2. 调料备好。

3. 锅下水烧开后放入姜片、鸭头和广东米酒，略煮一会儿，然后用清水冲去鸭头表面的浮沫。

4. 锅下油烧热，放入干辣椒、花椒、麻椒、姜片和蒜片爆香。

5. 倒入郫县豆瓣酱继续翻炒出香味。

6. 再加入清水或高汤(6 ~ 8 碗)，把八角、桂皮、草果、甘草、罗汉果、丁香、小茴香、香叶、陈片、肉蔻、豆蔻放入布包里捆紧，扔入卤汤中。

7. 倒入生抽和老抽，再撒入辣椒粉、花椒粉、糖和盐，大火煮至卤汤沸腾，转小火焖煮 1 个小时，待香味溢出即可。

8. 将鸭头放入煮好的卤水中。

9. 盖上锅盖，大火煮滚后转小火煮 1 个小时。

10. 关火后让鸭头浸在卤水中 2 ~ 3 个小时或更长时间。

44 / 咖喱鱼蛋

聚会的闪亮主角

Q弹的鱼蛋，点缀上青红椒，再裹上惹味的咖喱和香浓的椰浆，烹制出火辣的香港街头人气小吃，成为消磨时光、午夜聚会的闪亮主角。

主料：四海鱼蛋 120 克、四海炸鱼蛋 120 克、大喜大黄金咖喱 4 块、椰浆 1 罐

辅料：青、红椒各 2 个，洋葱 1 个

调料：油 10 毫升、清水 400 毫升

做法

1 主料备好。

2 辅料备好。

3 鱼蛋、炸鱼蛋洗净，咖喱、椰浆备好。

4 青、红椒洗净去籽，切成相同大小的方块；洋葱一部分切成相同大的方块，另一部分切成碎粒。

5 锅下油爆香洋葱粒。

6 倒入清水，放入咖喱块。

7 煮至咖喱块融化，放入鱼蛋和炸鱼蛋，然后倒入椰浆。

8 熬煮至鱼蛋和炸鱼蛋熟透，倒入青、红椒块，拌匀。

9 倒入洋葱块拌匀。

10 微煮一会儿，把咖喱鱼蛋、青椒片、红椒片、洋葱片用竹签串起即可。

糖之心语

1. 鱼蛋和咖喱本身有咸味，不需要再放盐。

2. 椰浆在进口超市都能买到，如果买不到椰浆，可以用淡奶油来代替。

3. 最好买香港产的鱼蛋，如四海鱼蛋、四海炸鱼蛋。

4. 咖喱块的量依据个人口味放，喜欢吃浓稠的，可以多煮会儿将汁收干；喜欢汁多的，可以多加些椰浆或水。

5. 咖喱菜隔夜再吃味道更佳。

45 / 孜然秋刀鱼

轻易俘获朋友们的心

朴实的秋刀鱼，撒上孜然和盐，在平底锅中嗞嗞作响，香气四溢。当滴上柠檬食用的那一刻，鲜美细腻的口感超乎想象！在这迷人的夜晚，轻而易举地俘获朋友们的心。

厨 房 解 密

秋 刀鱼口感很细腻，与一般的鱼肉不同，它的油脂融化在鱼肉中，却不会让你觉得油腻。细细地品尝，鱼肉散发浓郁香味，而鱼肚又略带清苦味道。下面分享一下用平底锅炮制出味道鲜美、外观养眼的完美烤秋刀鱼需要掌握的 5 个要诀：

••• 控干鱼身表面的水分：平底锅不如铁板、烤箱温度高，所以秋刀鱼最好提前宰杀，将鱼皮的水分晾干。如果时间不够，可以用厨房纸巾吸干鱼身表面的水分，这样在煎制过程中，才能保证鱼皮不容易破，保持鱼身的完整性。

••• 鱼身两面切一字斜刀：鱼身两面切成均匀的一字斜刀，这样鱼入锅受热后才能收缩自如，保证鱼皮不破，保持鱼身的完整性。

••• 选用不粘平底锅：由于秋刀鱼鱼身比较长，煎制的时候我们要选择一口口径较大的不粘平底锅，这样才能保持鱼身的完整性。如果没有大口径的不粘平底锅，可把秋刀鱼切成两段，煎制后拼合摆盘，一样好看。

••• 三个顺序让味道更有层次：先将沥干水分用盐腌制的秋刀鱼煎至两面微黄，撒入孜然粉，再煎至鱼身成金黄色，最后滴入少许柠檬汁。抹盐，撒孜然粉，滴柠檬汁，按此顺序更能激发出秋刀鱼的香鲜味，口感也更具有层次。

••• 两种油类结合激发出鲜香味：秋刀鱼油脂较多，鱼身渗出的油脂与橄榄油交融，更能激发出秋刀鱼的鲜香味。

主料：秋刀鱼 600 克

调料：柠檬 2 片、橄榄油 1 汤匙、盐适量、孜然粉适量

做 法

1 秋刀鱼收拾干净，鱼身两面斜刀划上几道口子。

2 橄榄油、柠檬、盐、孜然粉备好。

3 用厨房纸吸干秋刀鱼表面的水分，再把鱼的里外抹上盐，腌制 5 分钟。

4 煎锅倒入 1 汤匙橄榄油。

5 晃动煎锅让油铺满锅底，油烧热后放入秋刀鱼。

6 用中小火煎制秋刀鱼，煎至两面微黄，撒入孜然粉。

7 再煎至鱼身成金黄色即可，食用时滴少许柠檬汁。

46 / 吮指茶香虾

借着欧洲杯的风头，找个和朋友热闹的理由，找个喝冰啤的借口，找个大声欢呼的方式，肆无忌惮地吃着吮指茶香虾。虾鲜香酥脆，又吸收了铁观音的清香，整道菜吃起来茶味饱满，又没有油腻感，让人禁不住大快朵颐，吃了一嘴大花脸，仍忍不住吮指回味。

主料：加拿大野生北极虾 500 克、铁观音 20 克
调料：盐 1 茶匙、椒盐粉适量、盐焗粉适量、橄榄油适量

 糖的 厨 房 解 密

茶 香虾的做法并不复杂，但要做出好吃的吮指茶香虾，必须掌握以下4道工序：

- ••• 焯：虾解冻后要先焯水。
- ••• 浸：将焯过水的虾放入茶汤中浸泡 30 分钟。
- ••• 炸：将虾放入滚油中炸至虾皮酥脆。
- ••• 炒：再与茶叶、调料放入炒锅中，小火翻炒出香味。

做法

1. 加拿大野生北极虾、铁观音、椒盐粉、盐焗粉备好。
2. 将铁观音冲入少许沸水洗去浮尘，将水倒出，再次冲入沸水，泡出茶汤。

③ 捞出泡好的茶叶用厨房纸吸干水分备用（茶汤留下，不要倒掉）。

④ 提前把北极虾从冰箱冷冻室拿出来，移至冷藏室进行自然解冻，然后洗净沥干水分。

⑤ 煮锅下水放入 1 茶匙盐。

⑥ 烧开后放入北极虾焯水，煮到虾身弯曲，捞起过凉后沥干水分。

⑦ 将焯过水的北极虾放入茶汤中，浸泡 30 分钟。

⑧ 捞出虾，用厨房纸吸干水分。

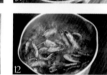

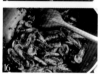

⑨ 另起锅下橄榄油。

⑩ 烧至五成热时，倒入吸干水分的茶叶。

⑪ 炸至酥脆捞出，用厨房纸吸去油分（炸酥脆的茶叶可捏碎一部分，虾裹着碎茶一起吃口感更好）。

⑫ 将油烧至六成热时，下入焯过水吸干水分的北极虾，炸至七成熟捞出，然后将油继续加热至八九成熟，再下入北极虾激炸至虾皮酥脆。

⑬ 将炸好的北极虾捞出，用厨房纸吸干油分。

⑭ 炒锅小火放入炸好的北极虾和茶叶，然后放入椒盐粉。

⑮ 再放入盐焗粉。

⑯ 拌匀翻炒一会儿，炒出香味即可。

糖之心语

1. 做茶香虾最好选铁观音，铁观音综合了绿茶和红茶的制法，既有红茶的浓鲜味，又有绿茶的清芬香，和虾最搭配。

2. 茶叶要先用热水泡过，这样茶汤才能激出香味。

3. 北极虾焯水时放点盐可使虾味更鲜甜。

4. 焯过水的北极虾要放进茶汤浸泡 30 分钟才能入味。

5. 一定要吸干虾与茶叶表面的水分，否则容易溅油。

6. 先用六成热的油炸香北极虾，再用八九成的热油激炸至虾皮酥脆，这样才能让虾外酥内嫩。

7. 椒盐粉与盐焗粉的比例是 2∶1，盐焗粉不宜放太多，会掩盖茶香虾的香味。

47 / 香辣烤鸡翅

狂欢夜的最佳拍档

　　浸满蜂蜜酱汁的烤鸡翅，滋滋冒油地从烤箱里拿出来，满屋飘香。外层香酥不腻，内里鲜香嫩滑，香辣得恰到好处，每一口都令人赞叹，必然成为狂欢夜的最佳拍档。

主料：新鲜鸡翅 500 克、大喜大香辣烤肉酱 1 包（110 克）、蜂蜜适量

做法

1. 鸡翅洗净，用牙签在鸡翅表面扎一些小孔或在鸡翅上开几刀小口。

2. 倒入香辣烤肉酱拌匀。

3. 盖上保鲜盒盖放入冰箱腌制 12 小时（至少不低于 3 个小时，时间越长越好）。

4. 将锡纸铺在烤盘上（亚光面朝上），然后将腌好的鸡翅放入烤盘（背面朝上）。

5. 烤箱预热 200℃，将烤盘放入中上层，烤 10 分钟。

6. 取出鸡翅，两面再刷上一层烤肉酱，翻面（正面朝上），放入烤箱烤 5 分钟。

7. 再次取出鸡翅，刷上蜂蜜，放入烤箱再烤 5 分钟即可。

8. 取出装盘即可食用。

糖之心语

1. 腌制鸡翅的时间越长越好，这样更容易入味，至少不低于 3 个小时。

2. 如果想腌制的鸡翅更入味，可以用牙签在鸡翅表面扎一些小孔或在鸡翅上开几刀小口。

3. 把腌好的鸡翅放在锡纸上，一定要放在亚光面，亚光面不会污染食物。

4. 烤制鸡翅的时候，先烤鸡翅的背面，然后再正面，这样烤出来的鸡翅更漂亮。

5. 如果想让鸡翅的味道更浓郁，可以在烤正面时再刷一次烤肉酱。

6. 如果想让鸡翅更养眼，可以在最后 5 分钟时刷一层蜂蜜。

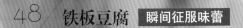

48 / 铁板豆腐 瞬间征服味蕾

　　红遍大江南北的铁板豆腐，小聚时忍不住露一手。当调料在豆腐上撒开，一股奇妙的香气扑鼻而来，顾不上豆腐是否烫嘴，迫不急待地开吃起来，外层香脆，内里多汁嫩滑，夹杂着各种调味料的滋味，瞬间征服了朋友们的味蕾。

厨 房 解 密

要把豆腐做得如此美味不是那么简单的事，如果选择的豆腐汁水不多，煎制出来口感便会很柴；火候掌控不好，就有可能烧焦豆腐，从而让豆腐内部水分流失，影响口感；调料搭配不当，可能变得怪味又难吃。要做出外焦内嫩、香滑多汁、鲜香无比的铁板豆腐，需掌握以下3个要点：

••• 豆腐的选择：选择水分多的豆腐，最好选择盒装的豆腐，盒装豆腐真空包装，一直浸泡在汁水中，水分较多，煎制出的豆腐才能保持外焦内嫩、香滑多汁的口感。

••• 火候的掌控：煎豆腐的火候一定要控制好，油温达到五成热时放入豆腐，能瞬间锁住豆腐内部的水分，也容易让豆腐表面定型，翻面的时候不易翻烂；撒入调料的时候，把火调至中火，这样不至于把豆腐烧焦，能保持色泽金黄；当豆腐翻面后，锅底油温更高，这时再把火调小一些，慢火煎透。

••• 调料的配搭：孜然粉和椒盐粉是非常经典的配搭，和豆腐也很相配，再加上葱花的清香，吃起来无比鲜香。如果喜欢口味重一点的，可以加入五香粉和辣椒粉。

主料：山水豆腐1盒、葱1根、孜然粉适量、椒盐粉
　　　适量、油适量

做法

1 葱切成葱花，豆腐、孜然粉、椒盐粉备好。

2 在豆腐盒背面四角分别剪个小口，再用小刀把豆腐盒表面的包装切割开。

3 盘子倒扣在豆腐盒上，再反过来取出豆腐，把豆腐切成均等块。

4 锅下油（油量多一些），烧至五成热时，放入豆腐块，中火慢煎。

5 快速撒入椒盐粉。

6 再撒入孜然粉。

7 煎至豆腐皮焦黄，翻面继续煎（这时油温更高，可以将火调小一些）。

8 撒入椒盐粉、孜然粉和葱花，待葱花激出清香即可。

49 / 蒜香烤生蚝

无与伦比的满足感

相聚的时光，怎么能少了夜市经典的蒜香烤生蚝。经过慢火烤制的生蚝，香气扑面而来，一口咬下去，肥美饱满的蚝肉与香浓的蒜泥紧紧地包裹，香嫩润滑，却颇有嚼劲，再将汤汁一同吮入，真是满嘴的肥美与汁水，那是一种无与伦比的满足感，每一口都让人迷恋。

主料：新鲜生蚝 12 个、蒜 1 个、指天椒 6 粒

调料：胡椒粉、盐、鸡精、油适量

做法

1. 我买的生蚝是蚝壳已经撬开的，回家后用刷子仔细地将蚝壳刷洗干净，蚝肉用清水冲净泥沙。

2. 大蒜去皮剁成蒜蓉，指天椒切成圈待用。

3. 不粘锅内放入适量的油（和大蒜量相同即可），用小火将蒜蓉炒出香味，炒成微微金黄色（要小火并且不断用炒勺翻动，避免蒜蓉炒焦）。炒制好的蒜蓉连油一起盛出来，晾凉以后按个人口味加入盐、鸡精，要比平时的口味略咸一些。

4. 放入适量的油将辣椒圈略炒一会儿。

5. 烤盘铺上锡纸，上面放上烤网，将洗干净的生蚝放上去（一定要放平稳），然后依次在生蚝上撒一点胡椒粉并抹匀（口味重的可以撒点盐和酱油，我比较喜欢吃鲜味，所以没放盐和酱油）。

6. 将调制好的蒜蓉和辣椒圈铺在蚝肉上面，腌制 10 分钟，让盐味渗入到蚝肉里。

7. 将生蚝放入烤箱下层，200℃预热 15 分钟，用下火烤 20 分钟左右（上火别打开），至蚝肉略收缩。

8. 最后再用上下火烤 1～2 分钟，至蒜蓉变黄即可（如果家里的烤箱不分上下火，可以用一张锡纸盖住生蚝，避免焦煳）。

50 广式杂卤

有嚼头卤味令人细细回味

有什么比和朋友一块看球赛更欢快的事呢？消磨午夜场最好的零食，就是一锅杂卤。各种材料往里放，只要你喜欢就可以，再配上私房秘制的做法，一锅美味的杂卤就诞生啦！端上桌，配上冰啤，不一会儿就风卷残云，只剩空锅，那股卤香味却一直流连在唇齿间，久久不散，令人细细回味。

主料：鸭爪350克、鸭翅500克、鸽肾300克、点卤豆腐（或普宁豆腐）2块

焯水材料：姜1块、米酒1汤匙

卤汁调料：卤水汁230克（广东品牌，超市有售）、水900克、米酒3汤匙、老抽2汤匙、盐1茶匙、冰糖2大块（或白糖2汤匙）、草果2个、八角1个、桂皮1小块、陈皮1/4块（1个分为4块）、香叶3片、甘草4小片、罗汉果1小块、姜1大块（去皮拍扁）、蒜5瓣、干辣椒2个

做法

1. 主料备好。

2. 卤汁调料备好。

3. 锅下水,放入鸭爪、鸭翅、鸽肾和去皮姜1块,淋入1汤匙米酒,烧开后煮1分钟。

4. 用清水洗净表面的浮沫。

5. 将卤汁调料的所有原料放入锅里,大火烧开。

6. 将鸭爪、鸭翅、鸽肾和点卤豆腐放入煮好的卤汁里,再次大火烧开后,转中火煮8分钟关火。

7. 将点卤豆腐浸泡2~4个小时,鸭爪、鸭翅和鸽肾浸泡一晚(可根据自己的口味来调整浸泡的时间)。

8. 捞出,沥干卤汁,豆腐切片即可端桌开吃。

糖之心语

1. 一般超市都有广东品牌的卤水汁售买,如李锦记、海天等品牌(淘宝也能买到),小瓶是200克左右,刚好做一锅。

2. 食材焯水的时候,一定要放入姜和米酒,大火开盖煮,这样可以快速去腥。

3. 卤汁煮好后,可先尝尝味道,再根据个人口味来进行调整。如果香味不够就多添点,甜咸不够就多加点,直到味道适合再将要卤的材料放入进行卤制。

4. 由于卤水汁里已经有香料,添加其他香料时一定要慎重,不要一次加多了,味道过重会产生怪味。特别注意陈皮只要1/4块(1个分为4块)即可,过量会有苦味;加入甘草和罗汉果,会让卤好的食物回味更浓。

5. 卤好的材料最好用卤水浸泡一天以上,这样才会像余味绕舌,香味入骨。

6. 材料可以随大家选择,爱吃什么就卤什么,像鸡爪、鸭脖子、鸡蛋、猪肝等,都可以卤。

7. 如果是素卤,最好先卤一次肉类再卤,这样卤出来的味道更好。

8. 做好的卤汁可以反复使用,也可以煮开放凉后放入冰箱存放,卤汁越久卤出来的食物味道就更香,但不易存放过久,以免坏掉,可以时不时拿出来煮开放凉再放入冰箱。

51/ 孜然烤鱿鱼须

极致的味觉快感

经久不衰、风靡街头的孜然烤鱿鱼须，相信谁也抵挡不了它的诱惑，也是聚会时的抢手货。当热气腾腾的烤串从烤箱出来，嗞嗞拉拉作响，弥漫的香气，充满嚼劲的口感，极致的味道带来的美妙享受顿时盛放在友人们的脸上。

主料：鱿鱼须 1000 克

调料：沙茶粉 2 汤匙、红葱头 2 个、姜 5 片、纯香型二锅头 1 茶匙、玉米油适量、孜然适量

做法

1 材料备好。

2 鱿鱼须洗净切断。

3 将沙茶粉、红葱头、姜片和二锅头放入鱿鱼须里。

4 用手抓匀鱿鱼须。

5 将鱿鱼须穿到铁签上。

6 将穿好铁签的鱿鱼挂到烤箱配置的吊烧架上，刷上玉米油。

7 将烤箱调至"旋转吊烧烤"功能，烤箱 230℃预热。

8 将吊烧架放入烤箱，烘烤 10 分钟。

9 8 分钟后拿出，刷上一次玉米油，均匀撒上孜然粉。

10 再放入烤箱中，烘烤 2 分钟即可。

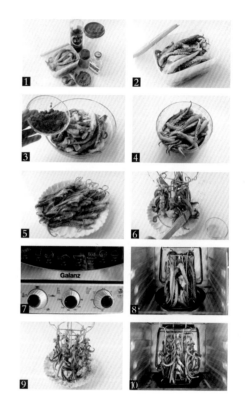

糖之心语

1. 鱿鱼容易入味，所以放入调料后用手抓匀即可。

2. 烤鱿鱼的时间要控制好，烤老了容易变硬，口感不好。

3. 中途需拿出刷油和撒孜然粉（喜欢辣的可加点辣椒粉），这样烤出来的鱿鱼须特别香。

4. 如果没有红葱头可以换成洋葱，没有沙茶粉可以换成海鲜酱。

5. 如果烤箱没有吊烧功能，可以平铺着烤，烤制时间相同。

52 烤茄子 一对平凡的璧人

蒜泥和茄子，绝对是一对璧人，用蒜泥来烤茄子，那叫一个和谐。一个刺激一个香滑，怎么也吃不过瘾，聚会时烤上一炉，比肉肉还抢手呢。

主料：圆茄1个

调料：小米椒1个、蒜1整个、葱2根、香菜1根、盐1茶匙、生
　　　抽1汤匙、孜然粉适量、油2～3汤匙

做法

1️⃣ 材料备好。

2️⃣ 葱切粒，香菜切碎，蒜用压蒜器压成泥，小米椒
　　切碎待用。

3️⃣ 将葱白、辣椒碎、蒜泥和盐、生抽混合，加入适
　　量的油（油要多一些）。

4️⃣ 搅拌成烤茄汁。

5️⃣ 烤盘铺上锡纸，亚光面朝上。

6️⃣ 将圆茄切成相连的两半，放到烤盘上。

7️⃣ 将烤盘放到烤箱上。

8️⃣ 启动烤箱的BBQ模式，210℃，25分钟，盖上盖子。

9️⃣ 20分钟后，用筷子检查茄子是否烤软，然后用勺
　　子均匀地铺上烤茄汁，盖上盖子，再烘烤3分钟。

🔟 打开盖子，撒上孜然粉、葱花和香菜，再盖上盖子，
　　烘烤2分钟，入味即可。

糖之心语

1. 烤茄汁可以根据个人品味调配，但蒜泥和油一定要多一些，这样烤出来的茄子才好吃。

2. 茄子烤软后可以用筷子在茄肉上划上几条，这样能让铺在茄子上的烤茄汁更入味。

3. 如果烤箱没有BBQ功能，烘烤的时候最好只用下火，并且要用锡纸包住茄子，防止水分流失。

4. 各家的烤箱功能有差异，烘烤时间和温度要根据自家的烤箱适当增减。

53 / 香煎秋葵

用时尚的吃法点燃今夜

秋葵，这新鲜的玩意，用香煎的做法再好吃不过了。焯一下水，再慢火香煎，撒点调味料，几分钟就出锅了，是不是超级简单呢？在这夏日相聚的夜晚，做上一盘，绝对是今夜的亮点。

营养小贴士

1、秋葵是一种保健蔬菜，富含蛋白质、游离氨基酸、矿物质和糖类复合体，能提高身体耐力，具有强肾补虚之功效，被称为"补肾草"。

2、秋葵切开后，有黏乎乎的液体流出，这些液体由丰富的果胶、多糖等膳食纤维构成，对肠道有非常好的保健功能。

3、秋葵热量很低，用来减肥效果很不错。

主料：秋葵 400 克

调料：盐 1 茶匙、椒盐 1 汤匙、黑胡椒 1 茶匙、辣椒面 1 汤匙

做法

1 材料备好。

2 秋葵洗净表面灰尘，放入清水里浸泡 10 分钟。

3 锅下水烧开，放入盐和秋葵焯水 30 秒（以秋葵变成深绿色为准）。

4 捞出立马放入凉水中过凉。

5 用厨房纸巾擦干表面的水分。

6 锅烧热放入少量油，再放入擦干水分的秋葵。

7 略煎一会儿，调小火，撒入椒盐和黑胡椒。

8 再煎一会儿，撒辣椒面，煎香即可。

糖之心语

1. 秋葵焯水 30 秒即可，以秋葵变成深绿色为准，时间长了口感会变老，别看颜色绿绿的，其实已经熟透。

2. 挑选秋葵时，选择鲜嫩青翠、个头相当的。个头太大、表面粗糙或者捏上去比较硬的秋葵，都是已经长老的，口感不佳。

54/ 鸡米花

最惬意的休闲方式

吹着空调，开着 IPAD，喝着可乐，玩着微信，吃着酥脆鲜嫩的鸡米花，这就是在繁忙的日子里，我们小聚时最惬意的休闲方式。

主料：新鲜鸡腿 2 个

调料：椒盐粉 + 黑胡椒粉 1 汤匙、盐 1/2 茶匙、二锅头 1 茶匙、蛋清 1/2 个

炸粉：玉米生粉 50 克、面包糠 30 克、鸡蛋 1 个

做法

1. 材料备好。

2. 鸡腿洗净，去骨去筋。

3. 切成 1.5 厘米左右的小丁，加入椒盐粉、黑胡椒粉、盐、二锅头、蛋精拌匀，腌制 30 分钟（中途可翻拌 1 ~ 2 次，方便入味）。

4. 玉米生粉、面包糠、蛋液备好。

5. 将鸡肉丁先裹一层生粉，再粘蛋液，最后裹一层面包糠，将鸡米花坯放入盘中。

6. 锅里放适量的玉米油，油到八成热后转中火，依次放入鸡米花坯。

7. 待鸡米花颜色呈金黄色且浮在油面上即可捞出（大约炸制 3 分钟，时间不宜太长，否则鸡肉会变老）。

8. 沥干油分即可开吃。

糖之心语

1. 最好买新鲜的鸡腿肉或是鸡胸肉，这两个部位的鸡肉口感比较嫩滑。

2. 腌料可以根据自己的口味调配，比如加入五香粉、十三香等，也可以加入烤肉料，如吮指原味鸡腌料、蜜汁腌料、奥尔良烤翅腌料、黑椒腌料等，我采用了椒盐粉和黑胡椒粉，味道也不错。

3. 裹面包糠时，用手轻推，鸡米花就成球状。

4. 如果口味较重，可以隔夜腌制，腌制时间较短时需要中途翻拌 1 ~ 2 次，方便入味；二锅头属高浓度纯香型白酒，目的是为了提香，用料酒也可以。

5. 不建议使用颜色深的菜油或花生油，后者炸制出来的鸡肉口感很腻，因为油味较重。

6. 油温不宜太高，以免鸡米花着色太深，口感变柴；将筷子放入油中，筷子周围冒泡泡就是八成热油。

7. 待鸡米花颜色呈金黄色且浮在油面上即可捞出，大约炸制 3 分钟即可，时间不宜太长，否则鸡肉会变老。

每当被现实生活牵着鼻子走，像陀螺一样转个不停，我总会想起"慢活哲学"。渐渐地，在闲暇的时候，我便会抽出一些时间，为自己做一杯美味的甜品，或是慢条斯理地拌起面糊，送进烤箱。当食物的香馥芬芳弥漫在屋里，惬意渐渐在内心滋长，开始真切地体味到慢生活的悠然自得。抿一口甜品，尝一块点心，配上慵懒的音乐，让自己陷入厚厚的沙发里，闭上眼睛，抛开一切琐事，让心灵肆意地起舞，让时光慢慢地流逝……

第四篇

悠闲慢时光
细细品味的甜蜜滋味

55 皂角米西米果冻

卖相惊艳的消暑养颜果冻

众多的热带水果中，我对红肉火龙果情有独钟。
喜欢这道甜品的香甜细腻，更喜欢那诱人的一抹紫，
每次出现必惊艳全场。明媚的颜色，再配上香糯的"植
物燕窝"——皂角米，Q滑的西米，将妩媚与温柔
发挥到极致，美颜之余，也赶走了暑意。

主料：皂角米 30 克、西米 90 克、红肉火龙果 1 个、吉利丁片 2 片、冰糖适量、冰水适量

做法

1. 材料备好。
2. 皂角米用温水浸泡 5 个小时左右，然后用清水冲洗干净。
3. 煮锅下清水烧开后，放入西米，煮至西米透明状捞出（中途要搅拌，防止粘锅）。
4. 把煮好的西米放入冰水中（这样口感会 Q 弹一些）。

5. 将泡发好的皂角米入锅，放入适量的清水，大火煮开后转小火慢炖 1 小时。
6. 这时将红肉火龙果榨汁，吉利丁片用冰水泡软备用。
7. 1 个小时后皂角米煮好了。
8. 倒入西米和冰糖。
9. 倒入泡软的吉利丁片，搅拌至融化。
10. 放温后再倒入红肉火龙果汁，搅拌均匀。
11. 依次倒入杯中。
12. 盖上保鲜膜，放入冰箱冷藏 3 个小时以上即可享用。

56/ 桃胶炖香梨

蒸一碗甜羹让你面若桃花

初见桃胶，如玛瑙，被它的晶莹剔透所吸引，细细品尝，带股清香，又被它Q嫩爽滑的口感所倾倒。曾有一段时间，无论多忙，每天都会抽时间蒸一碗桃胶，幻想着不时多日，也能面若桃花。

营养小贴士

俗话说："要想皮肤好，桃胶离不了。"桃胶是桃树上分泌出来的树脂，又叫"桃花泪"，桃胶价格不高，但养颜效果并不比昂贵的燕窝差，所以还有"平民燕窝"一说。桃胶主要成分是胶原蛋白、半乳糖、鼠李糖等，尤其是其富含的胶原蛋白，养颜美肤效果非常好，让人气色红润有光泽。

主料：桃胶 50 克、香梨 2 个、冰糖 20 粒

做法

1. 材料备好。

2. 将桃胶放入清水中浸泡一夜（12 个小时左右）至软涨，体积大概能涨大 10 倍，再仔细将泡软的桃胶表面的黑色杂质去除，用清水反复清洗，掰成均匀的小块。

3. 香梨洗净去皮放入清水中（防止氧化）。

4. 将梨和桃胶放入碗中，加入适量的清水。

5. 蒸锅加上水，将碗放入。

6. 盖上锅盖大火蒸 1 小时。

7. 蒸到 40 分钟的时候放入冰糖。

8. 再蒸 20 分钟关火，放凉即可开吃，放到冰箱冷藏后风味更佳。

糖之心语

干的桃胶呈透明结晶石状，很硬；凝结后呈半透明琥珀色，也有部分偏白色，需泡软发涨后再煲制。桃胶要放入清水中浸泡一夜（12 个小时左右）至软涨，体积大概涨大 10 倍后方可食用。

57/ 牛奶炖蛋

入口即化的幸福

奶香和蛋香如胶似漆,与果香相互交融,浓香丝滑、入口即化,让人怎么吃也吃不够,每一口都是满满的幸福。

 厨 房 解 密

要做出外观光滑如镜、口感浓香丝滑的鸡蛋羹并不难，只要遵循以下 3 个小秘诀，连零厨艺的新手也可以轻轻松松搞定这道甜品。

••• 蛋奶液一定要用滤网过滤掉泡沫，保证蛋奶液表面光滑平整，这样蒸出来的鸡蛋羹才不会有难看的蜂窝。

••• 蛋奶液倒入碗中，要封上一层保鲜膜，用牙签在表面扎几个小孔。加保鲜膜是为了锁住水分，扎小孔是为了让水蒸气循环流动，这样蒸出来的鸡蛋羹细腻无泡、嫩滑无比。

••• 250 毫升的牛奶可配 2 个土鸡蛋（鸡蛋太小可以用 3 个），用中大火蒸 15 分钟；如果喜欢浓稠的口感，可适当将牛奶的量减少。

主料：土鸡蛋 2 个、纯牛奶 250 毫升

配料：糖 2 汤匙、芒果 1 个、蜂蜜杏仁 10 粒

做 法

1 土鸡蛋、纯牛奶、糖、芒果、蜂蜜杏仁备好。

2 将鸡蛋打成蛋液，备好牛奶。

3 加 2 汤匙糖入蛋液中，打匀后静置 3 分钟，让糖充分溶解。

4 打匀的蛋液用筛网过滤 1 次。

5 将牛奶倒入蛋液中，用筷子朝一个方向搅拌至均匀，静置 3 分钟，让两种液体融合。

6 将牛奶蛋液用筛网过滤 1 次，把过滤好的牛奶蛋液慢慢倒入碗中。

7 碗表面蒙上保鲜膜，用牙签在保鲜膜上扎几个小孔。

8 备好芒果丁、杏仁。

9 锅下冷水，把碗放到蒸锅里，盖上锅盖。

10 中大火蒸 15 分钟，撕下保鲜膜即可。

11 将芒果丁、杏仁摆好。

糖之心语

1. 最好不要用冰冻过的鸡蛋和牛奶来做炖蛋，可能会出现色泽不匀，影响视觉，但并不影响口感。

2. 最好用加厚的保鲜膜，太薄容易蒸破。

3. 装蛋羹的容器材质不同，需要的时间也有所不同，需要自行把控。

4. 糖的分量可以按照自己平时的喜好来放。

5. 夏天可放凉后入冰箱冷藏一会儿再吃，味道更佳。

58 / 莲子红枣雪耳羹

温婉与精致的体现

一碗晶莹剔透的甜羹，将江南的温婉与精致体现得淋漓尽致，软糯的银耳、清甜的红枣、饱满的桂圆和软绵的莲子，再点缀上桂花香，口感滋润又甜蜜，让暑气顿时烟消云散。这款甜羹还可以利用微波炉来煮制哦，避免了夏季在厨房中挥汗如雨的尴尬，让你轻松享受这悠闲的下午时光。

主料：莲子 400 克、红枣 10 粒、雪耳半朵、新鲜桂圆肉 4 粒、糖桂花适量、冰糖适量

做法

1 2 雪耳冲洗掉灰尘等小杂质隔夜泡发，将泡发的雪耳去除黄色的蒂，然后用手撕碎；红枣、桂圆肉洗净表面灰尘，浸泡 30 分钟；莲子取出莲子芯洗净备用。

3 4 把雪耳、红枣和桂圆肉放入微波炉煮锅里，加入 1200 毫升清水，盖上盖子，高火叮 45 分钟。

5 6 放入莲子和冰糖，高火叮 15 分钟，放凉后淋上糖桂花即可开吃，或是放入冰箱里冷冻后再吃。

59／土豆泥巧克力球

白雪公主与黑马王子

土豆泥被巧克力包裹着，总让我想起童话故事里的白雪公主。当王子遇到了公主，忍不住吻醒了沉睡中的公主，从此两人过上了幸福的生活……甜蜜的感觉总传递一种美好，每次品尝这道甜品，似乎也能感受到那幸福的亲吻。

主料：牛奶巧克力 65 克、土豆 2 个、椰子粉 20 克、松仁 100 克、橄榄油 1 茶匙

做法

1 材料备好。

2 土豆洗净，切成厚片，放入蒸锅里蒸软。

3 将巧克力掰成小块，放进干净耐热的碗中；准备另一个稍大耐热的碗，倒入 60 ～ 70℃的热水，再放入装巧克力的碗，隔水融化巧克力。

4 将蒸软的土豆去皮用勺子压成泥，分两次倒入椰子粉，顺着一个方向搅拌均匀，再淋入 1 茶匙橄榄油。

5 把去了壳的松仁倒入土豆泥中搅拌均匀。

6 将拌好的土豆泥搓成相同大的圆球，放在盘中。

7 将巧克力酱淋在土豆泥上，放置一旁，待土豆泥上层的巧克力酱干透后，翻过另一个球面淋上巧克力酱。

8 趁着巧克力湿润时，用小叉子在巧克力球表面来回乱划，扒出不规则的纹理来，让巧克力更显动感，最后等巧克力球干透即可。

糖之心语

1. 融化巧克力的水温不必太高，60 ～ 70℃正好，温度太高会导致巧克力油水分离。

2. 加入椰子粉不但能提香，而且会使土豆泥口感更细腻，入口即化。

3. 巧克力酱非常难干，一定要等一面的巧克力酱干透才翻另一面，否则容易变形。要想加快速度还可以放入冰箱冻一会儿，待定型后再整形另一面。

60 / 枣泥山药糕
喜欢就在那一瞬间

　　有时呢，喜欢某件事、某个人，就是一瞬间的事情，就像这款《红楼梦》中出现过的经典的"枣泥山药糕"。从小就不喜欢枣泥甜腻的味道，可当它与山药泥混合在一起，放入口中，在舌尖绽放的感觉居然是如此美妙，入口即化，清爽甜蜜，不由自主地爱上它。

主料：山药 400 克、新疆若羌红枣 100 克、薄荷叶少许
调料：奶粉、炼乳适量

做法

① 材料备好。

② 将山药表皮的泥沙洗净，然后切成段放在热水里浸泡 30 分钟，这样给山药去皮的时候就不会手痒了。

③ 红枣用清水冲洗净表面的灰尘，放到热水里泡 5 分钟。

④ 红枣切去两头，去核。

⑤ 再切成两半，用剪刀修整。

⑥ 将一部分红枣卷曲，整成花的形状。

⑦ 剩下的红枣切成小块，山药去皮切长段泡在清水里。

⑧ 将红枣和山药放入蒸锅里大火蒸 20 分钟。

⑨ 蒸好的红枣去皮取肉，用勺子压成红枣泥。

⑩ 再将蒸好的山药用勺子压成泥（也可用料理机打成泥）。

⑪ 加入奶粉。

⑫ 加入炼乳拌匀。

⑬ 花形模具里先放入 1/2 山药泥。

⑭ 放入一层枣泥。

⑮ 再放入山药泥压平。

⑯ 把红枣花和薄荷叶放在上面即可。

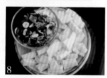

糖之心语

1. 在制作红枣泥和山药泥时，一定要有足够的耐心，避免其中掺杂没捣碎的颗粒而影响口感。

2. 如果不加奶粉和炼乳，就在糕点上淋入适量的糖桂花，以增加糕点的香味。

3. 如果要做造型，奶粉和炼乳的分量要少一些，否则会很粘手。

61 / 水晶核桃

讨好小伙伴的仿真小点心

想要用小点心讨好小伙伴，还真是得在造型上下点功夫呢！像这款仿真小点"水晶核桃"，就非常不错，外形做成核桃形状，内馅用核桃和芝麻，既好看又营养，还能享受手工制作的乐趣呢！

水晶核桃外皮：澄粉 120 克、玉米淀粉 20 克、咖啡 2 克、咖啡伴侣 10 克、白糖 30 克、黄油 10 克、沸水 180 克

水晶核桃内馅：美国加州核桃 90 克、黑芝麻 5 克、黄油 10 克、白糖 30 克

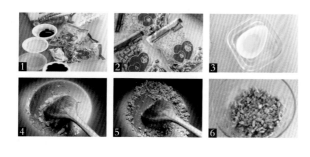

内馅的做法

1 材料备好。

2 用擀面杖把两袋核桃压碎，一袋核桃压小块备用。

3 玻璃碗里放入热水，黄油隔水化开备用。

4 锅烧热，下黄油、白糖小火翻炒片刻。

5 6 放入核桃和黑芝麻翻炒出香味，盛出。

外皮的做法

1 澄粉、玉米淀粉、白糖、咖啡伴侣和一半的咖啡放入碗中，倒入沸水，用筷子搅拌均匀，然后揉成团。

2 放入黄油继续揉和均匀。

3 再加入剩下的咖啡，继续揉成光滑的面团。

4 把面团揉搓成长条形，然后切成等份小剂子。

5 用手把小面团揉成圆形，压扁。

6 里面放入核桃芝麻馅。

7 把包入核桃芝麻馅的面团揉成圆形，先用大拇指和食指，在面团边缘捏出突起的一道线。

8 线上用牙签压出一道痕迹。

9 用筷子在面团的表面戳出小孔。

10 依次做好所有核桃，和真核桃比对。

11 蒸锅加水，铺好玻璃纸，放入核桃。

12 大火蒸 10 ~ 15 分钟即可。

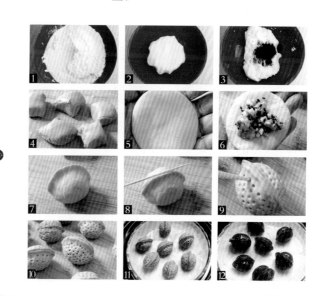

糖之心语

1. 咖啡可以用可可粉替代。

2. 糖、油的比例可以按自己的口味调配。

3. 沸水可以分次加入，澄粉的牌子不同吸水性也不同。

4. 蒸的时间要根据核桃大小进行调整。

5. 这点心要趁热吃，凉了口感不好。

62

蓝莓山药花

经典的甜点换个养眼的造型

山药软糯香滑，口感清甜，蓝莓果酱酸甜可口，色泽怡人。把山药与蓝莓果酱完美结合，不仅创造了美味，也成就了一道超级营养的养生甜品。花朵般的造型，宛如一件艺术品，让这道经典的甜点更惹人怜爱。

主料：山药 1000 克、蓝莓果酱 3 汤匙、糖桂花 2 汤匙

辅料：奶粉 2 汤匙、温水 1 汤匙、清水适量

配饰：黄瓜 1 根

做法

1 材料备好。

2 山药用刷子刷洗净表皮的泥沙，锅下水煮开后，放入山药蒸软。

3 山药去皮切片，放到保鲜袋里，用擀面杖压成泥（也可用料理机打成泥）。

4 将奶粉倒入山药泥中搅拌均匀。

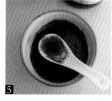

5 蓝莓果酱加温水稀释，再加入糖桂花，搅拌均匀。

6 用黄瓜皮刻出树枝和树叶的造型，备用。

7 用心形工具将山药泥压成心形，摆成花朵状。

8 淋上蓝莓酱即可。

糖之心语

1. 山药去皮后肉上的白色透明黏液含植物碱，接触会使皮肤刺痒，处理山药时要戴上手套，或是像我这样连皮一起蒸。

2. 如果山药的黏液粘在皮肤上，事后可在发痒处抹少许醋。

3. 山药泥中加入奶粉可以使味道更细腻香滑，也可以换成炼乳或淡奶，味道更香浓。

4. 也可以在山药泥中加入芋头泥，口感更有层次。

5. 山药一定要压成泥，不能有结块，否则口感会不好。

63 / 香酥巧克力华夫饼
与众不同的诱人时光

忙碌了一周，是时候慰劳一下自己的胃。
听着音乐，喝着饮品，品着华夫饼。坚果的香，
巧克力的甜，华夫饼的绵软，多重口感的舌尖
碰撞，慵懒中享受每一口的香浓滋味，带来与
众不同的诱人时光。

主料：松饼粉 200 克、牛奶 100 克、鸡蛋 2 个（50 克／个）

辅料：白巧克力 40 克，腰果、杏仁、开心果、蔓越莓各适量，食用油少许

分量：10 份

做法

1 松饼粉、牛奶、鸡蛋备好。

2 白巧克力、腰果、杏仁、开心果、蔓越莓备好。

3 将松饼粉、牛奶、鸡蛋倒入大碗中，比例是 2：1：1。

4 搅拌成无颗粒状的面糊，静置 10 分钟。

5 华夫饼机烤盘上刷一层薄油。

6 通上电源，预热完成后开始烘烤。

7 华夫饼机调至四档，倒入面糊，待面糊扩散到烤盘的八分满时，停止倒入。

8 盖上机器烘烤 3 分钟，华夫饼机的侧面没有蒸气冒出即可，关电源出锅。

9 将花朵华夫饼切开成五朵心形。

10 白巧克力隔温水软化。

11 用抹刀将巧克力液涂抹到华夫饼上。

12 在巧克力液快凝固时，装饰上腰果、杏仁、开心果、蔓越莓。

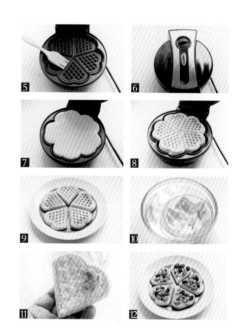

糖之心语

1. 松饼粉、牛奶、鸡蛋比例是 2：1：1，可根据这一比例增减分量。

2. 如果没有松饼粉，可以用 200 克低筋面粉加 5 克泡打粉、50 克细砂糖混合来代替。

3. 面糊倒入烤盘至扩散到八分满时，停止倒入，否则盖上盖时过多的面糊会溢出烤盘。

4. 坚果的种类可以自行搭配。

玫瑰苹果卷

苹果遇见玫瑰

　　美食玩到一定的境界，吃已不是主要的目的，享受食物在手中精雕细琢，变换成各种美轮美奂的佳肴，感受着无与伦比的成就和喜悦变成了新的追求。苹果遇见了玫瑰，简直有种"相见恨晚"的感觉。精致逼真的外型，浓郁酸甜的口感，视觉与味觉的双重享受，足够唤醒沉睡的味蕾。

主料：苹果1个、白糖3汤匙、
　　　蜂蜜2汤匙、清水3碗
面团：面粉100克、黄油30克
表面刷液：蜂蜜适量
表面装饰：糖粉适量

做法

1. 材料备好。

2. 苹果对半切开，再从中间一分为二后切片。

3. 锅里加清水，倒入白糖和蜂蜜，煮成糖浆水。

4. 糖浆水煮开后，放入苹果片。

5. 将苹果片煮软（约1分钟），用网筛捞起沥干水分。

6. 面包机倒面粉和黄油，再倒入适量煮完苹果后放凉的糖浆水。

7. 启动面包机揉成团即可。

8. 案板上撒上干粉，把面团擀成约30厘米长的薄片，越薄越好，然后切成约1.5厘米宽的长条。

9. 将苹果片交叠码放在面片上，一条能放6片。

10. 从一端把苹果条卷起来，接口处捏紧，做出8朵玫瑰苹果卷。

11. 卷好的玫瑰苹果卷整理好，放入蛋挞模里。

12. 放入面包机里，启动烘焙程序，30分钟。

13. 20分钟后，在玫瑰苹果卷表面刷上蜂蜜。

14. 再烘烤10分钟即可，吃的时候撒上适量糖粉。

糖之心语

1. 苹果片不能切太厚，否则不好卷；苹果片也不能煮太软，否则也不好卷。

2. 苹果片煮软即可，捞起后一定要沥干，最好用厨房纸巾擦干，否则面皮吸收苹果片的水分就不好卷了。

3. 面片擀得越薄越好，吃起来口感才会好。

4. 一条面片最好放5～6朵苹果片，这样卷出来的苹果卷比较漂亮。

5. 面包机温度不同，所以烤的时间也可以酌情调整，只要烤到喜欢的状态就可以了。

6. 也可用烤箱，180℃，中层，25～30分钟，提前5分钟刷蜂蜜。

65 / 童趣手工南瓜饼干

让人开心的法宝

周末宅在家的时候，让大人和孩子开心的法宝，就是一起做童趣饼干。瞧这迷你的小个头，是不是超级可爱呢？

材料：低筋面粉100克、玉米淀粉40克、糖粉45克、
南瓜泥60克、无盐黄油60克、盐2克、抹
茶粉3克、清水2克

←

做 法

1 南瓜去皮切片微波炉高火叮3分钟，用勺子
压成泥。

2 黄油切成小块，室温软化，放入厨师机盆里。

3 加入糖粉打发至淡黄色，体积变大。

4 放入南瓜泥，高速搅拌均匀。

5 将面粉、玉米淀粉、盐混合，筛入盆拌匀。

6 揉成表面光滑的面团。

7 将面团分成16份，揉搓成小圆球。

8 取1份面团用掌心搓圆。

→

9 用刀背在圆球上按压出一条沟。

10 依次均分按压4条，做成小南瓜形状，共
15个。

11 取余下的1份面团加入抹茶粉和清水，揉成
深绿色面团，取少许搓成小三角形。

12 烤盘铺上油纸，放上小南瓜，再把小三角形
放在南瓜上做南瓜蒂（放的时候可以在底部
沾点水，增加黏性）。

13 烤箱150℃预热，将烤盘放入。

14 烤15～20分钟即可（以自家烤箱为准，我
烤了17分钟）。

糖之心语

1. 这个配方做出来的面团比较柔软，做造型的
时候要非常小心，防止变形。

2. 南瓜的蒂可以用南瓜籽或葡萄干来代替。

3. 南瓜泥一定要打匀，做出来的成品才细腻。

4. 烤制的时间以自家的烤箱为准，如果喜欢香
脆的口感，可增加烤制时间。

66 / 芙纽多

好吃得停不了口

法式经典甜品芙纽多，金黄色的表皮，皱巴巴凹陷的模样，像是失败了的蛋糕，但口感却外焦内嫩，好吃得让人停不了口，每一次品尝都是味蕾的美妙享受。

主料：鲜奶油 196 克、牛奶 154 克、樱桃干 14 粒、朗姆酒 35 克、鸡蛋 70 克、
　　　细砂糖 35 克、低筋面粉 35 克、盐 0.5 克、黄油 20 克（现材料为 2 个口径
　　　12 厘米、高度 6 厘米的烤碗的量）
准备工作：樱桃干用朗姆酒浸泡 1 夜，不喜欢也可以不泡

做法

1. 材料准备好。
2. 鸡蛋加细砂糖，搅打至起泡。
3. 筛入低筋面粉和盐，搅拌均匀。
4. 缓缓加入牛奶和鲜奶油的混合物。
5. 搅拌成均匀的面糊。
6. 烤碗内部涂抹较软化的黄油(约6克)。

7. 再放入浸泡过朗姆酒的樱桃干。
8. 倒入拌好的面糊。
9. 余下的黄油放入小锅中加热成棕黄色(焦化黄油)，过滤掉焦化黄油的多余杂质，均匀地浇在面糊上。
10. 烤箱 190℃预热 10 分钟，将烤碗放入中层，上下火 190℃烤 55 分钟。
11. 30 分钟后，开始膨胀。
12. 55 分钟后，将烤箱上火调成 200℃，再烘烤 5 分钟，至表皮金黄色即可，取出晾凉后便可开吃，或是放入冰箱冷藏后风味更佳。

糖之心语

1. 芙纽多烤的时候会膨胀，出炉后会回缩，这是正常的。
2. 芙纽多取出晾凉即可开吃，放入冰箱冷藏后风味更佳。
3. 樱桃干可以换成西梅干、葡萄干或蔓越莓干等等。

67/ 杏仁蓝莓 **QQ** 贝果

是中式馒头，还是水煮面包？

这种有嚼劲、低糖低油无需揉面和发酵，口感像馒头一样的水煮面包，每口都让人欲罢不能。加入了蜂蜜杏仁和蓝莓酱，滋味诱人，让人瞬间想一扫而光，吃过的人一定会懂得这种美味，谁又能拒绝它呢？

主料：高筋面粉 260 克、酵母 2 克、砂糖 20 克、温水 140 毫升、盐 4 克、香草精少许、蓝莓酱、Thatnut
　　　蜂蜜杏仁适量

做法

1　材料备好。

2　高筋面粉放入容器中，加入酵母和砂糖。

3　慢慢加入温水混合。

4　再加入盐和香草精。

5　把面团揉成光滑为止。

6　分成 4 份，蒙上保鲜膜静置 10 分钟。

7　用手指戳入面团中央，做成甜甜圈状。

8　锅下水煮沸，把甜甜圈状的面团放入沸水里
　　煮 1 ~ 2 分钟，捞出沥干水分。

9　烤箱 180℃预热，烤盘刷一层薄油，把煮好
　　的面团放入烤盘，180℃烤 20 分钟（温度以
　　自家的烤箱为准）。

10　将烤好的 QQ 贝果对半破开，放入蓝莓酱和
　　蜂蜜杏仁即可食用。

糖之心语

贝果要沥干水分，可以在底部抹油或垫一张防粘纸来防粘。

68/ 蔓越莓司康

令人流连忘返

外皮香脆，内里暄软的司康，加入酸酸甜甜的蔓越莓，散发强烈诱人的优雅气息，在这悠闲的午后，令人忍不住去探索它的迷人滋味。

主料：低筋面粉 150 克、蔓越莓 20 克、黄油 50 克、细砂糖 40 克、牛奶 70 毫升、泡打粉 1 小勺、盐少许、
刷表面的牛奶少许

做法

1 材料准备好。

2 低筋面粉、泡打粉、细砂糖、盐混合过筛。

3 黄油室温下回软，切成小丁与面粉混合物
混合。

4 用手搓成类似面包屑状。

5 倒入牛奶。

6 拌匀后加入蔓越莓再揉匀，盖上保鲜膜后放
入冰箱内冷藏，约 1 小时。

7 从冰箱中取出，分成 12 份，轻揉成近圆形，
用毛刷在表面涂一层牛奶。

8 放入预热好的烤箱中层，上火 200℃，下火
180℃，烤约 20 分钟（如果烤箱不能调上下
火，用 200℃）即可出炉。

糖之心语

1. 司康"外焦里嫩"的秘诀在于面团揉好后，要在冰箱里醒 1 小时，这样才能使泡打粉的作用充
分发挥，让面团发起来，烤出来就会比较软，加上烤之前刷了层牛奶，就有了外焦内嫩的口感。

2. 将原料揉成面团时，不要过度揉捏，揉到面团表面光亮即可。过度揉捏会导致面筋生成过多，
影响口感。

3. 如果追求造型可以用模具，或是用刀直接把面片切成大小合适的小块三角形。

4. 没有蔓越莓可以换成葡萄干，也可以做原味司康。

69/ 巧克力熔岩蛋糕

必是最佳恋爱利器

闹矛盾的时候，想要讨好心爱的他，那有何难，熔岩蛋糕便是最佳利器。当蛋糕里浓郁的巧克力浓浆像火山熔岩一样流出来，满口的馥郁芬芳，还带着一丝纯正的甘苦。神奇的口感，美妙的滋味，足以对他构成致命的诱惑，不费吹灰之力便化解了矛盾。

 厨 房 解 密

想

要做出浓郁香滑的巧克力熔岩蛋糕，需要注意以下几个细节：

••• 一定要用黑巧克力，我用的是德芙的香浓黑巧克力，口感浓郁略带苦味，用其他巧克力做出来的味道远不如黑巧克力。

••• 鸡蛋要用常温蛋，直接从冰箱拿出来的鸡蛋温度太低，会让面糊变得太过浓稠。

••• 没有朗姆酒可以用清水代替。

••• 筛入面粉后不要过度搅拌，否则会导致面糊太厚。

••• 烤碗内壁要先涂油撒粉，后面才好脱模。

••• 这款蛋糕需要使用高温急火烤，以达到迅速让外部蛋糕组织定型，而内部仍是液态的效果。如果烤的时间过长，则内部都会凝固，吃的时候就不会有"熔岩"流出来的效果；如果烤的时间不够，外部组织不够坚固，可能刚出炉蛋糕就"趴"下了。

••• 烤制的温度和时间一定要控制好，蛋糕模具不建议用太小的，如果蛋糕体积小，很快整个就烤熟了，会没有岩浆的效果。

••• 最好能守在烤箱前观察，看到表面结壳、微裂并鼓起来就可以出炉了，必要时可稍打开烤箱去触摸表面，感受表层的硬度，但记得一定要戴手套哦，避免烫伤。

••• 这款蛋糕要趁热食用，否则就看不到内部巧克力流出的情景，口感也会打折扣哦。

••• 如果做的量多一次吃不完还可以放到冰箱里冷藏，吃的时候取出放在微波炉里中火加热 1 分钟，就能达到刚出炉时的效果。

主料：香浓黑巧克力 70 克、黄油 55 克、鸡蛋 1 个、蛋黄 1 个、细砂糖 20 克、低筋面粉 30 克、朗姆酒 1 大勺（分量：240 毫升烤碗一个）

装饰蛋糕：糖粉少许

做法

1. 材料备好。

2. 鸡蛋和蛋黄放入碗中，加入细砂糖。

3. 用手动打蛋器搅打蛋液至均匀有些起泡即可，不必打发。

4. 黑巧克力、黄油分别隔热水融化。

5. 融化后的黄油加入到黑巧克力中，搅拌均匀。

6. 将蛋液慢慢加入到巧克力黄油液中，搅拌均匀。

7. 再加入 1 大勺朗姆酒，拌匀。

8. 将面粉过筛后倒入。

9. 用橡皮刮刀以炒菜的手法切拌均匀成顺滑的蛋糕糊。

10. 烤碗内壁涂抹黄油，再撒上糖粉，倒入拌好的巧克力蛋糕糊，盖上盖子或包上保鲜膜，放冰箱冷藏半个小时或以上。

11. 烤箱 200℃预热，将烤碗放入。

12. 200℃，中层，18 ~ 20 分钟，表面结壳、鼓起、微裂即可，出炉后表面再撒上糖粉。

70 / 焦糖布丁

长假综合征的治愈秘方

每个长假综合征似乎都特别煎熬，不如用美味的甜点来对抗吧！香甜的焦糖搭配细滑的布丁，缓慢地在口腔里释放，留下满口的醇厚甜香，就像浓郁的恋情一般，回味无穷，心情立刻被甜蜜填满。

 厨 房 解 密

想做出香浓柔滑的焦糖布丁，需要注意以下 6 个细节：

••• 鸡蛋和牛奶不要太用力搅拌，否则裹入空气太多，烤好后会有很多蜂窝。

••• 蛋奶液一定要过筛，这样成品的口感更细滑；过筛好的蛋奶液要静置 20 分钟以上，使原料充分融合。

••• 在熬好的焦糖中加入开水是为了延缓焦糖的凝固，在加开水时要小心，不要被烫到；做好的焦糖液要迅速倒入抹油的布丁杯，否则焦糖液会马上凝固，就不好倒出了。

••• 烤焦糖布丁要使用水浴的方法，即在面包桶（烤盘）中注入热水，水的高度至少要超过布丁液高度的一半。否则，烤出来的布丁会出现蜂窝状孔洞，并且完全失去嫩滑口感。

••• 加入少量的淡奶油，使布丁奶香更浓郁；加入香草荚、香草粉或者香草精，增香之余又可去除鸡蛋的腥味。

••• 焦糖布丁可以放凉后直接吃，也可以放入冰箱冷藏两个小时以上再食用，口感更佳。

布丁液：鸡蛋 2 个、牛奶 250 克、砂糖 25 克

焦糖液：砂糖 60 克、冷水 25 克、开水 20 克

做法

1 砂糖调入牛奶中，放入微波炉里加热拌匀（不要加沸了）。

2 打入鸡蛋，顺一方向搅拌均匀。

3 搅好的蛋奶液过筛，滤掉杂质后，静置 20 分钟以上，使其口感更细滑。

4 这时我们可以做焦糖：砂糖中加入冷水，小火熬制。

5 熬制成金黄色，中途不可搅拌。

6 待熬制成琥珀色后马上关火，加入开水，搅拌均匀。

7 立刻将焦糖液分别倒入布丁瓶中。

8 将静置好的蛋奶液轻轻搅匀，分别倒入到布丁瓶中的焦糖上。

9 布丁瓶放入面包机内桶，在桶内注入约布丁瓶 2/3 高的热水。

10 开启面包机的烘烤功能,时间设为 30 分钟（如果是烤箱，布丁瓶放入烤盘，烤盘中加满热水，中层，160℃烤制 30 ～ 35 分钟即可）。

11 30 分钟后焦糖布丁就好了。

12 晾凉后放入冰箱冷藏两个小时以上再食用，口感更佳。

71 / 缤纷手工太阳花饼干
治疗阴霾情绪的法宝

缤纷的色彩，逼真的造型，尝一口，心间顿时像注入了暖阳，变得轻松而舒坦，郁闷的心情瞬间烟消云散。

主料：黄油100克、糖粉100克、香草精1小勺、鸡蛋60克、低筋面粉200克、泡打粉1小勺、绿茶粉适量、紫薯粉适量、南瓜粉适量、蓝莓粉适量

做法

1. 黄油室温软化，加入糖粉，用手动打蛋器搅打至发白。

2. 加入香草精。

3. 分三次加入蛋液。

4. 搅打均匀。

5. 将蛋糊分成均匀的五等份。

6. 各筛入 40 克低筋面粉。

7. 将适量绿茶粉、紫薯粉、南瓜粉、蓝莓粉分别撒入四个碗中，再将泡打粉分为五等份放入各个碗中，翻拌均匀后各包上保鲜膜送入冰箱冷冻 30 分钟。

8. 取出剩下的一个本色面团，擀成 0.4 厘米厚的面皮，用小号花嘴的反面切出小圆饼坯。

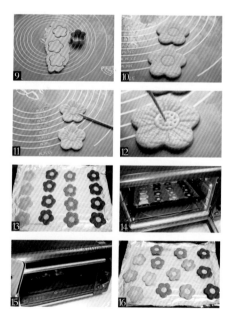

9. 取出南瓜面团，擀成 0.4 厘米厚的面皮，用花朵形状的饼干模具切出生坯。

10. 撕去多余的面皮，用小号花嘴的反面压出花朵的中心。

11. 用竹签划出花朵的线条。

12. 摘除花朵的中心，将原色面团压成的小圆坯放入花朵中心，用牙签的底部在花心处均匀地扎出小孔。

13. 烤盘上铺上锡纸，亚光面朝上，依次放入做好的各色花朵饼干（够两盘的分量）。

14. 烤箱预热，上下火 160℃。

15. 将烤盘放入烤箱中层烤 15 分钟，熄火后用余温再烘 10 分钟即可。

16. 取出烤盘，晾凉后放入密封盒里保存。

糖之心语

1. 面团加入各色粉时，可根据调出的颜色酌情添加，但最好不要超 8 克，以免饼干口感偏甜。

2. 冷冻的面团一定要够硬，否则难以整成形，面团的硬度可以参考蔓越莓饼干的面团硬度。

3. 用竹签划花纹时不要划得过深，以免刻穿饼干坯。

4. 可以用各种颜色的粉来制作这款缤纷饼干。

72

玫瑰苹果派

豪华的味觉体验

派皮酥脆，派馅香滑，加上苹果的酸甜滋味，组合成丰富而有层级的口感，真是一场豪华的味觉体验。聚会时，端上一个，绝对令大伙惊喜连连。

20 厘米的铸铁圆煎锅（相当于 8 寸派盘）

派皮：低筋面粉 160 克、黄油 80 克、白糖 50 克，鸡蛋 55 克

派馅：鲜牛奶 120 克，动物性淡奶油 180 克、糖 50 克、蛋黄 2 个、低筋面粉 45 克、玉米淀粉 45 克

表面：苹果 2 个（选脆甜的）、盐水适量、蜂蜜适量、黄油适量

6 寸派盘

派皮：低筋面粉 100 克、黄油 50 克、白糖 30 克、鸡蛋 35 克

派馅：鲜牛奶 90 克、动物性淡奶油 80 克、糖 25 克、蛋黄 1 个、低筋面粉 25 克、玉米淀粉 25 克

表面：苹果 1 个（选脆甜的）、盐水适量、蜂蜜适量

做法

1. 低筋面粉筛入盆内，放入软化的黄油丁，用手将其搓成屑状。

2. 放入白糖搓匀，再倒入蛋液。

3. 将其轻轻捏成团，不要过分揉捏，放入冰箱冷藏松弛两小时以上（我放了一晚）。

4. 苹果洗净表皮，对半切开，去核，切成相同厚度的薄片。

5. 放到淡盐水中浸泡，防止其氧化变黑。

6. 馅料中除玉米淀粉以外的所有原料放入锅中，一边小火加热一边搅匀。

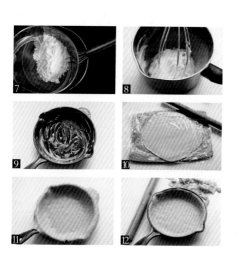

7. 搅拌至面糊均匀无颗粒后，放入玉米淀粉，继续小火加热。

8. 加热至浓稠浆状后马上熄火。

9. 铸铁圆煎锅涂上软化的黄油（如果用派盘就不需要涂黄油）。

10. 将冷藏好的派皮取出，上下各覆一张保鲜膜，用擀面杖将其擀成比圆煎锅大的薄片。

11. 揭掉擀好的派皮的一面保鲜膜，将其覆盖在圆煎锅上。

12. 按压成型，用擀面杖压着圆煎锅沿一圈，撕掉边缘部分。

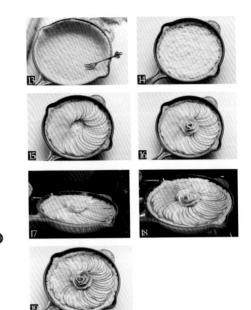

⑬ 用叉子在派皮底扎眼，目的是防止烘烤时起鼓。

⑭ 把煮好的馅料放入圆煎锅内，用手压实（如要漂亮可将馅料装入裱花袋中，以挤圈的方式挤入派皮里）。

⑮ 苹果片用厨房纸巾吸干水分，均匀地围圈铺在压实的馅料上。

⑯ 中间放入苹果花，调整好造型（苹果花做法见P154的"玫瑰苹果卷"，这里的苹果花没用面片来卷，因为有派馅，苹果花很容易定型）。

⑰ 烤箱上下火180℃预热，把做好的玫瑰苹果派坯放入烤箱，将上管调为180℃，下管调为200℃，时间为40分钟。

⑱ 35分钟后，将铸铁煎锅拿出，苹果上面刷上蜂蜜，再放入烤箱烘烤3~5分钟。

⑲ 烤好的玫瑰苹果派上再刷一层蜂蜜即可开吃。

糖之心语

1. 黄油室温软化即可，不要液化，液化后会影响派皮的酥松度。

2. 派皮面团不用反复揉搓，捏成团就行了，过度揉搓会使面团起筋，影响酥松度。

3. 派皮一定要放冰箱里冷藏1小时以上，最好隔夜。面团冷藏时间越长，做的派越酥脆。

4. 派皮上下放保鲜膜，然后再擀，这样不容易粘连，更易操作。

5. 派皮用叉子扎眼，可以防止皮在烘烤过程中起鼓。

6. 苹果切片要薄，用淡盐水浸泡，防止氧化变黑；苹果片要擦干水分，才可围圈。

7. 做苹果花时要将苹果放到温水中煮软，增加韧性，才容易卷成型。

8. 如果喜香甜，可以在烘烤前，往苹果表面撒上一些糖粉和黄油丁。

9. 烘烤时间和温度根据自家的烤箱来调整，铸铁煎锅底部较厚，要调高20℃来烘烤。